仁義《じんぎ》ある戦《たたか》い

アフガン用水路建設
まかないボランティア日記

［文・漫画］
杉山大二朗
Sugiyama Daijirou

装幀　成原亜美（成原デザイン事務所）

タジキスタン
中国
カシュガル
ナンの形が珍らしい
アプリコット
水路によって緑化された地域
ペシャワール
カシミール地域
首都イスラマバード
旧都ラーワルピンディー
インド
ブッダ像
パキスタン
ラホール
アムリトサール

ウズベキスタン
トルクメニスタン
スイカ
アフガニスタン
オレンジ
ダラエヌール
ジャララバード
ジャーム
バーミヤーン
首都カブール
N
W
E
S
ざくろ
ぶどう
カンダハール
クエッタ
マン

はじめに

二〇〇一年九月一一日。

あの日のことを思い出す。

当時、私は二六歳。西東京市（当時は保谷市）のアパートで、編集者から修正の指示が入ったイラストの手直しをしているところだった。

部屋には一歳年上の兄もいた。兄はフリーのジャズ・ピアニストで、二年ほど前から同居していた。兄はシンセサイザーを使って打ち込みの作業をしていた。

とにかく二人ともお金がないので、兄弟で共同生活をしながら細々《ほそぼそ》とお互いの創作活動を続けていた。郷里・福岡の両親は、我々の生き方にある程度理解を示してくれてはいたが、我々は数年に一度ぐらいしか帰郷できなかった。

兄がコーヒーを淹《い》れてくれた。私のほうもちょうど一《ひと》区切りついたところだったので、台所の換気扇の下で一服《いっぷく》することにした。

兄がテレビをつけた。ニューヨークのツインタワービルの映像が映っていた。前年、ニューヨークに行った兄は懐かしそうだったが、どうも解説が騒がしい。そのまま二人でテレビを観《み》ていると、あの忌《い》まわしい映像が映し出された。

「ニューヨークがとんでもないことになっとる……！」

私がそう呟《つぶや》くと、兄は「世話になった友人がいる！」と言って、すぐニューヨークへ電話をかけた。

電話口のやりとりを聞きながら、私は呆然《ぼうぜん》としてテレビの中の惨状に見入《みい》っていた。

その翌日、アメリカのブッシュ政権はテロの黒幕としてウサマ・ビン・ラーディンを名指しし、彼の潜伏《せんぷく》先であるアフガニスタンに対して身柄《みがら》の引き渡しを要求。当時のタリバン政権がこれを拒んだため、アフガニスタンへの攻撃を宣言した。

「アフガニスタンを攻撃するだって？」

ただ、アフガニスタンという国を思い浮かべたものの、私には確かバーミヤン遺跡のある国だという程度の印象しかなかった。以前ユーラシア大陸を横断した経験はあったが、アフガニスタンには寄らなかった。ましてや、のちに自分がこの国と関わるなどとは想像すらしていなかった。

だが人生とは思うままには進まないもので、どんな時に「縁」が作用して転変《てんぺん》するか分からない。

「9・11」から五年後、私はこのアフガニスタンと関わりを持つことになる。

＊

本書では、二〇一九年凶弾に倒れた中村哲《てつ》医師の活動を支えるNGO「ペシャワール会」の現地ワーカーとしてアフガニスタン滞在中に体験したエピソードや、苦心して作った〝まかない料理〟、そして今はなき中村医師や、共に働いたアフガン人・パキスタン人・日本人スタッフたちとの交流を文章とマンガで綴《つづ》っていく。最後までお付き合いいただければ幸いである。

序章

青い鳥

＊2002年6月、パキスタン北部フンザへの旅。奥はラカポシ山（7,788m）

氷河の見えるゲストハウスで

二〇〇二年六月、パキスタン北部の山岳地帯へ旅に出た。ちょうど取りかかっていたイラストの仕事を終えたところだった。ギャラで少しだけ懐《ふところ》が温かくなったのと、しばらく旅に出かけていなかったのもあって、長期休暇をとることにしたのだ。

旅行は準備しているときが一番楽しい。行き先はもう決まっている。新宿の紀伊國屋書店に寄り、パキスタンのガイド本を買う。まだ当時はインターネットの情報も少なく、ガイド本が一番新しく正確な情報源だった。

行き先をパキスタンと決めていたのには訳《わけ》がある。

実はパキスタンには二年前（二〇〇〇年）、ユーラシア大陸横断の通過地点として訪問していた。しかしそのときは北部には寄らず、南のバローチスタン州からイランへ抜けた。そのあとはヨーロッパへ抜けて、ギリシャに向かった。このとき、クレタ島のイラクリオンで知り合ったヨーロッパの青年から、パキスタン北部のフンザで撮影した写真を見せてもらった。私は、後悔の舌打ちをした。峻険《しゅんけん》な山嶺《さんれい》は神々《こうごう》しいほど輝いていた。もしこの写真をパキスタンに行く前に見ていたら……。

そういう理由で、今回は北部の山岳地帯をゆっくり回ろうと計画していたのである。

タイのバンコク経由でラホール空港へ降り立った。ねっとり熟《う》れたマンゴーとスパイスの香りが充満している。ラホールからはバスでラーワルピンディーへ向かった。ここから中国国境まで行くカラコルム・ハイウェイ経由の長距離バスで北部を目指すのだ。

ラーワルピンディーのバスターミナルで、フンザまでの所要時間を訊《き》く。

「さあ、一七時間くらいかな」

深夜バスで東京から福岡に帰るより、もっと時間が掛かるのか……。

急いでミネラルウォーターやビスケット、サンドイッチなどの携帯食を買う。待合室ではサッカーのワールドカップを放送していて、ちょうど日本とロシアが試合を始めるところだった。

ド派手な装飾のバスは快適という言葉からほど遠く、運転も荒くて辟易《へきえき》した。お金を出せば飛行機でも行けるのだが、予算が限られているので我慢するしかない。インダス川の源流あたりの断崖絶壁《だんがいぜっぺき》の悪路を凄《すさ》まじい速度で走るものだから何度も肝《きも》を冷やしたが、心は躍《おど》っていた。

ほとんど休憩なしで一七時間。ようやくフンザに到着した。

宿は六月でも氷河が残る渓谷《けいこく》のゲストハウス。宿の主人が暖炉《だんろ》に薪《まき》を放り込んで、部屋を暖めてくれていた。その心遣《こころづか》いが嬉しい。旅の日記には、

「いつかこんな国で暮らせたら、さぞ面白いだろう」

と記した。

一服《いっぷく》したいのでカンテラを持って外に出る。吐息《といき》が白い。目の前には月明かりに照らされた大山塊《だいさんかい》が聳《そび》えている。

空を見上げると満天の星。東京では見ることのできない広大な天の川だ。大小様々な宝石を空一杯にちりばめたようなきらびやかさだ。

ところが部屋に戻った途端《とたん》、学生時代の苦い記憶が突然甦《よみがえ》ってきた。当時の私は皆と同じように就職

活動をする気になれず、もはや日本で定職に就《つ》くのは無理だと諦《あきら》めていた。両親にも相談できず、これからどうやって生きていいのか分からなくなっていたのだ。

就活《しゅうかつ》に挫折してからの私は、ますます外国旅行にのめり込むようになった。就職氷河期の到来と言われて初めての社会人一期生だった。

――こんな雄大な大自然の中にいるのに、どうして昔のことを思い出すんだ？

頭を振って忘れようとしたが、心の中にある焦燥《しょうそう》のようなものが消えてくれない。

――自分は何をするべきなのか。どう生きていけばいいのか？

誰もが一度は抱える悩みだろう。普通は一〇代後半あたりに考えることだろうが、私の場合はこの青春の通過儀礼が遅かった。大学の同級生たちは皆就職するか大学院に進学しており、バスに乗り遅れたような焦《あせ》りがあった。

――自分は他人とは違うんだ。もっと自分にあった生き方があるはずだ。

自由を求めていたはずが、その自由に伴う「責任」の存在に気がつき、その重さに怯《おび》えていたのかも知れない。そして二〇代も後半になって相変わらず芽の出ない暮らしをしている自分に苛立《いらだ》ちを感じてもいた。

精神的に参っていたのだろう。自分のやりたい道を選んだはずなのに、面白くない。充実感がない。ただただ不安と焦燥が募《つの》るばかりで、出口のない迷路をさまよっているような空しさだった。

――もうダメかもしれない。

いま思えば鬱《うつ》のようなものだが、当時はどううっちゃれば良いか分からなかった。

衝動的に旅に出たいと思ったのは、おそらくこのまま死にたくないという生命の本能的な叫びだったのだろう。現実逃避と言えば簡単だが、このとき私はどうにもならない現実を打破するために、旅に出たのだ。

だが、もっと恐ろしい事実に気がついた。

――放浪の果てに何がある？　何も見つからないかもしれないではないか。実際にいまパキスタンの山奥に来て何が変わったというのだ？　日本とは全く違う国に身を置いて、いまは楽しいだろう。だが、どのみちもうすぐ日本へ舞い戻る身だ。結局、またあのせせこましい都会の生活に埋没《まいぼつ》するしかないのか。

考えるだけで気が滅入《めい》ってしまう。

そんなジレンマを抱えたままの悶々《もんもん》とした旅だったが、帰国する前に経由したタイのバンコクで将来の方向性を決める出来事に遭遇《そうぐう》することになる。

バンコクでの邂逅《かいこう》

日本への帰路、タイのバンコクで邦人向けの雑誌編集者をしている髙橋修史《しゅうじ》さんと再会した。

髙橋さんとは二〇〇〇年のユーラシア横断旅行の途中、カンボジアのプノンペンで知り合った。私が今回のパキスタン旅行をする直前まで、髙橋さんはお隣のアフガニスタンへ取材に行っていた。髙橋さんからは事前にメールでそのことを知らされていたので、私も髙橋さんに合流させてもらってアフガニスタンへ行ってみたいという衝動に駆《か》られたが、双方のスケジュールが合わず断念したという経緯があった。お互いタイのバンコクが経由地。往路では会えなかったが復路で会おうと約束していたのだった。

バンコクの繁華街《はんかがい》タニヤの酒場で待ち合わせる。久しぶりに訪れたバンコクが妙に懐かしかった。日本企業の駐在員が多く訪れるのであろうか、きわどい露出のタイ女性が日本語で呼び込みをしている。やはり刺激的な街だ。

気温も湿度も高く、汗が噴き出る。そして人なつこいタイ人と接すると、心からリラックスできる。ようやくタイに来た実感が湧《わ》く。

「ようよう、いらっしゃい」

いつものように間延《まの》びした口調で話す髙橋さん。髙橋さんと同じ雑誌社で働くカメラマンの嶋健雄《たけお》君も来てくれた。

握手を交わしてすぐに日本人向けの居酒屋へ移動する。再会を祝してビールで乾杯、さっそく互いの土産話が始まった。

髙橋さんと同行していた嶋君が興奮した顔つきでアフガニスタンの話を始めた。彼らは雑誌の仕事を生業《なりわい》にしているので、いろんな国での取材経験がある。しかし、アフガニスタンでの取材は想像以上に過酷で、とりわけ印象的だったようだ。二人ともしきりに「今までに経験をしたことがない」というセリフを連発する。

「カンダハールからカーブルへ移動するのに雇《やと》ったタクシーの運転手が、実に渋いんだよ。彫《ほ》りの深い顔で、マリファナを吸う姿が実に様《さま》になるんだ！」

髙橋さんが嬉しそうに話す。

「風景も人物もすべて様になっていて、絵になるんだよ！」

嶋君もカメラマンとして、被写体がいかに良かったかを語る。だが続けて嶋君は、

「残念だったのは女性が皆ブルカを被《かぶ》っていて顔を見ることが出来なかったことだね。カメラを向けるのも難しくて、全然女性を撮れなかったよ。子供は撮れたんだけれどね」

と付け加えた。

私は映画『アラビアのロレンス』のように男臭《くさ》い世界を想像した。むさ苦しい髭面《ひげづら》の男たちの顔が浮かび上がった。話を聞けば聞くほど、まだ訪れたことがないアフガニスタンという国に興味が湧いた。

「そういえば、アフガニスタンからカイバル峠を越えてパキスタンへ抜けたとき、ペシャワール会の車両を見かけたよ。鳩のマークをつけた車両だったから、すぐに分かったね」

髙橋さんが思い出したように言った。

「何です？　〝ペシャワール会〟って？」

「ほら、米軍の空爆が始まったときアフガニスタンに残って食糧援助を続けていたＮＧＯ団体だよ。大《だい》ちゃんの故郷の福岡に本部があるはずだ。中村哲《てつ》というお医者さんが貧しい人たちの診療や井戸掘りをしているのを知らない？」

そう言われて、報道番組で何度か見たのを思い出した。医者が井戸を掘っていると話題になっていたな……。

「その中村さんが書いた本があるから、読んでみるといいよ。すばらしい活動をしているよ」

この髙橋さんの言葉が私の将来を左右することになるとは、当時は予想もしていなかった。

現地ワーカーに志願

帰国してすぐに新宿の紀伊國屋書店で中村医師の著書を購入し、一気にむさぼり読んだ。医療から井戸掘り、そして用水路建設へと活動を拡大してゆく過程を知り、不屈の精神と実行力、そして文章の素晴らしさに驚嘆《きょうたん》した。

「こんな人がいるのか……！」

自分の体に雷が落ちたような衝撃を覚えた。乾いた土地に恵みの雨が降り注ぐように、中村医師の言葉が心に染《し》みた。

帰国から一ヵ月ほど経ったある日、ペシャワール会のホームページに「現地ワーカー募集」の告知が出ているのを見つけ、目が釘づけになった。一年以上働けるのが条件で、随時募集とある。

「損得抜きで行ってみたい。待てよ、自分の創作のネタになるかもしれないな……」

これが偽《いつわ》らざる本心だった。中村医師の理想や志《こころざし》に感銘を受けたのは事実だが、当時の私が抱いていたのは「面白い出来事があるかもしれない」、「自分の殻《から》を打ち破ることができるかもしれない」という手前勝手な動機だった。

翌年、鎌倉市の教会で中村医師の講演会が開催され、現地の様子を直《じか》に聴くことができた。ますます中村医師の活動とアフガニスタンへの興味が深まっていった。

福岡に帰省する機会を利用し、思い切ってペシャワール会の本部事務局を訪ねた。事務局はマンションの一室にあり、関係者でなければ気がつかないほど目立たなかった。

事務局ではボランティアのご婦人が応対してくださった。

「現地ワーカーに興味がおありだそうですが、いつ出発できますか？」

まるでサラリーマンに県外出張の予定でも尋ねるような口調だった。

「え!?　……一年後ぐらいでしょうか。今は東京で仕事をしていますので、仕事を片付けてからアフガニスタンで働きたいと思っているんですが……」

「あら、東京で働いていらっしゃるの？　じゃあすぐには無理そうね……」

その場でペシャワール会の会員になる手続きを済ませた。関東に支部があるというので、東京に戻ってから参加してみることにした。

この支部では当時、東京・広尾にある日本赤十字社の一室を借りて手弁当のメンバーが集まり、年四回発行されている会誌を関東方面の会員や支援者に向けて発送する作業をしていた。

ここで幸運だったのは、現地で働いていた元ワーカーの大越猛《おおこしたけし》さんと出会えたことだ。大越さんは帰国したばかりで、医者になるためにこれから大学を受験するという。彼はこの時すでに三〇代。なぜ医者を目指すようになったのかと訊《き》いてみたところ、

「中村先生のような医者になりたいんです」

とのシンプルな答え。とは言え、並大抵《なみたいてい》の決意ではなかったはずだ。

大越さんに、私も現地ワーカーとして働くつもりだと伝えると、「是非、中村先生のお手伝いをしてください！」と激励してくれた。私は大越さんと固い握手を交わした。

中村哲医師と現地の縁

中村哲《なかむらてつ》医師《いし》は1978年《ねん》福岡《ふくおか》登高会《とこうかい》の付《つ》き添《そ》い医師《いし》としてパキスタンにあるヒンズークシュ山脈《さんみゃく》の最高峰《さいこうほう》ティリチミール山《さん》へ随行《ずいこう》した
趣味《しゅみ》の蝶採集《ちょうさいしゅう》も兼《か》ねた物見遊山《ものみゆさん》のつもりだったという
外国《がいこく》の登山隊《とざんたい》の付《つ》き添《そ》い医師《いし》は現地政府《げんちせいふ》との取《と》り決《き》めで住民《じゅうみん》の診療《しんりょう》を拒《こば》んではならなかった
村人《むらびと》たちが薬《くすり》を求《もと》めて追《お》いすがる
医者《いしゃ》がいない地域《ちいき》の人々《ひとびと》は何《なん》とか病気《びょうき》を治《なお》してもらうために必死《ひっし》だった
登山隊《とざんたい》のための薬《くすり》をこれ以上《いじょう》使《つか》うわけにはいかない…
この登山《とざん》をきっかけにパキスタンとの縁《えん》が生《う》まれた――
彼《かれ》らは今《いま》、どうしているだろうか…
それから個人《こじん》でもパキスタンを訪《おとず》れた中村医師《なかむらいし》は6年後《ねんご》 キリスト教系《きょうけい》の病院《びょういん》に派遣《はけん》され貧《まず》しい人々《ひとびと》の診療《しんりょう》に従事《じゅうじ》することとなった

◉コラム　中村哲《てつ》医師の〝ユーモア〟

中村医師は「ひとたらし」である。

人を褒《ほ》めて乗せるのが実に上手《じょうず》なのだ。換言《かんげん》すれば人使いが巧みということでもあるのだが、そのやり取りがとにかくユーモラスなのである。

＊

ある若手の日本人ワーカーのケース。

「この仕事を完璧にこなすのは、難しい……。しかし、君ならば……いや、君しかおらん！」

「中村先生、私に任せてください！」

「おお、君がそう言ってくれるのを待っとった！」

または、じっと黙ってしまうケース。「引き受けましょう！」という言葉が出てくるまで根《こん》比べ。こうなったら心理戦だ。ついには根負けして白旗をあげてしまう。

別のワーカーのケース。

ある時、現地で爆発的にマラリアが流行した。急いで薬を買わなければ多くの患者が亡くなってしまう。しかし当時のペシャワール会の規模は小さく、活動資金も少なかったため、マラリアの薬を大量に購入することができなかった。

「うーむ、金がない。これではマラリアの薬が買えん」

「中村先生。私に何か出来ることありますか？」

「そうか、じゃああんた、今から誰かに誘拐《ゆうかい》されてくれんね。わしらは身代金のカンパを集めてそれに充《あ》てる」

「……え？」

「ははは、冗談、冗談」

ところがこのとき、中村医師の目は笑っていなかったそうだ。

中村医師の活動を三〇年以上にわたって記録してきた映像制作会社「日本電波ニュース社」の元スタッフ、馬場哲司《てつじ》さんから聞いた話。

馬場さんがこの会社でアシスタントの仕事をしているころ、中村医師を長年追ってきたカメラマンで上司でもある谷津賢二《けんじ》さんからある指示を受けた。

「今、中村医師を日比谷の講演会場にお連れするため同行している。会社に中村医師が使う予定の新幹線の乗車券を置いているんだが、その乗車券が至急必要になった。今すぐ会場に届けに来てくれ」

馬場さんは興奮した。中村医師の『アフガニスタンの診療所から』と『医者井戸を掘る』を読んだばかりだったからだ。あの人に直接会えるのか！　ちょうど鞄《かばん》にはその本が入っている。

「おお、そうだ、仕事中ではあるが、この二冊に中村医師のサインをもらおう！」

期待に胸を膨《ふく》らませて待ち合わせの講演会場へ向かった。

到着した馬場さんは、すぐに控え室に通された。憧《あこが》れの中村哲《てつ》医師が目の前にいる。馬場さんはまず新幹線の乗車券を渡したあと、もじもじしていたが、意を決して口を開いた。

「す、すみませんがサインを書いていただけませんでしょうか？」

中村医師は和やかに微笑《ほほえ》み、快諾《かいだく》してくれた。鞄から本を取り出し、ペンを渡す。

「君の名前は？」

「馬場です」

ところが中村医師はためらいもなく、スラスラとペンを走らせてこう呟《つぶや》いた。

「えー、やまだくんかぁ……」

聞き間違えたのだろう、本の見開きに「山田」と大書《たいしょ》されている。馬場さんは呆然《ぼうぜん》として、

「あ、あの……馬場です。馬場哲司です」

すると中村医師は「あ、そう」と言って、何のためらいもなく「山田」の名前を黒く塗りつぶし、横に「馬場哲司くんへ」と書き直した。

周りの人も絶句《ぜっく》した。しかし中村医師は澄《す》ました表情で「はい」と手渡す。

馬場さんは「世の中にはこんなに面白い人がいるのかぁ！」と感じ入ってしまったという。そのサイン本は今も大切にしているそうだ。

著者 活動略年譜

2002年6月	パキスタン北部フンザ地方への旅。復路のバンコクで落ち合った知人から中村哲医師とＮＧＯ「ペシャワール会」の存在を聞かされる（当時26歳）
2002年7月	ペシャワール会のＨＰの募集告知を見て現地ワーカーを志す
2003年6月	鎌倉市で開催された中村哲医師の講演会に参加
2004年1月	福岡のペシャワール会事務局を初訪問
2005年1月	パキスタン・ペシャワールにあったＰＭＳ（ペシャワール会の支援活動の現地での実行組織）の基地病院に着任
2005年2月	アフガニスタン入り。用水路護岸の植樹係に配属
2005年5月	用水路建設現場で交通事故に遭う。むち打ち治療のためペシャワールの基地病院に入院（翌月、一時帰国）
2005年7月	アフガニスタンに再赴任。用水路の水門建設係に配属。まかない担当が本格化
2005年8月	2度目の交通事故。10月、治療のため帰国
2005年12月	アフガニスタンに再赴任。ジャララバード事務所に配属。まかない担当も継続
2006年12月	ペシャワールの基地病院に異動。総務を担当。翌年末までパキスタンのビザが２週間ずつしか下りず、そのたびにアフガニスタンへ出国してはビザを手配していた
2007年12月	アフガニスタン・東部クナール州のダラエヌール診療所に異動。事務を担当
2008年8月	伊藤和也ワーカーの誘拐・殺害事件発生。日本人ワーカーは順次帰国開始。引き継ぎを進める
2008年10月	現地情勢の複雑化に伴うパキスタン政府からの求めに応じ、ペシャワールの基地病院を現地ＮＧＯに移譲。活動の場をアフガニスタンに移す（ペシャワールで残務整理を継続）
2008年11月	残務整理を終え帰国
2009年1月～2010年5月	福岡のペシャワール会事務局で「現地連絡員」として活動
2010年6月～2011年3月	アフガニスタン・ジャララバード事務所に再赴任。事務・会計・農業を担当（折々にまかないにも加勢）
2011年4月	帰国。その後ペシャワール会事務局で引き続き活動
2011年6月	現地への再赴任を希望するも治安悪化を受け正式に退任
2019年12月	勤務先の日本語学校で中村医師死去の報に接する

第1章

いざ、ペシャワールへ！

＊ペシャワールにあったPMS基地病院の正門

あるアフガン人患者との出会い

アフガニスタン東部《とうぶ》を流れるクナール河《がわ》にある「マルワリード用水路《ようすいろ》」取水口《しゅすいこう》
彼《かれ》の故郷《こきょう》はこの川《かわ》のもっと上流《じょうりゅう》だな…
中村先生《なかむらせんせい》、そろそろ出発《しゅっぱつ》の時間《じかん》です
進藤陽一郎《しんどうよういちろう》 ワーカー
お、そうね
あとで測量《そくりょう》のデータをお渡《わた》しします
うん、わかった…
人《ひと》の運命《うんめい》は水《みず》のように導《みちび》かれるものかもしれんな…
え？
何《なん》でもない。少《すこ》し眠《ねむ》る……
はい
久《ひさ》しぶりに彼《かれ》のことを思《おも》い出《だ》した
このクナール河《がわ》が育《はぐく》んだ剛直《ごうちょく》で誇《ほこ》り高《たか》きパシュトゥン民族《みんぞく》の男《おとこ》だった

生命《せいめい》の源《みなもと》である水《みず》は
峻険《しゅんけん》な山脈《さんみゃく》に冠《かん》する雪《ゆき》が解《と》けて
一滴《いってき》の雫《しずく》が集《あつ》まり小川《おがわ》となる
やがて大河《たいが》となり
命《いのち》を育《はぐく》み守《まも》る
「母《はは》なる川《かわ》」になる

パキスタン
カイバル・パクトゥンクワ州《しゅう》の
州都《しゅうと》 ペシャワール郊外《こうがい》
ゼエ
ゼエ…
おい、サタール
病院《びょういん》へ帰《かえ》ろう。
きっとまた治《なお》るよ
ドクター・サーブ
（お医者《いしゃ》さま）
俺《おら》ぁ
うちで死《し》にてぇ
病院《びょういん》じゃなくて
家《うち》でこいつらに
看取《みと》られて
死《し》にてぇ。
後生《ごしょう》だぁ…
意地《いじ》を
張《は》るな
フル
フル
………

サタールは当時《とうじ》、私《わたし》が働《はたら》いていた病院《びょういん》のチョキダール(守衛《しゅえい》)だった
カチッ
年齢《ねんれい》は60歳《さい》くらいか——この土地《とち》ではいつ天《てん》に召《め》されても不思議《ふしぎ》ではない歳《とし》だ
どうぞ
ワシらにもお茶《ちゃ》をくれ
ありがとう
再三《さいさん》、入院《にゅういん》するように説得《せっとく》を続《つづ》けたが家《うち》に帰《かえ》りたいと言《い》って治療《ちりょう》を拒否《きょひ》しているうちに病状《びょうじょう》が悪化《あっか》してしまった
ずず…
彼《かれ》は隣国《りんごく》アフガニスタンから来《き》た元患者《もとかんじゃ》でレプロシー(ハンセン病《びょう》)に罹《かか》っていた
彼《かれ》との思《おも》い出《で》はたくさんある
私《わたし》がパキスタンへ赴任《ふにん》して間《ま》もないころ…
ペシャワール・ミッション病院《びょういん》ハンセン病患者《びょうかんじゃ》の専用病棟《びょうとう》
ハンセン病《びょう》とは 結核菌《けっかくきん》に似《に》た好酸性《こうさんせい》らい菌《きん》(Mycobacterium leprae)という細菌《さいきん》による慢性《まんせい》の感染症《かんせんしょう》である

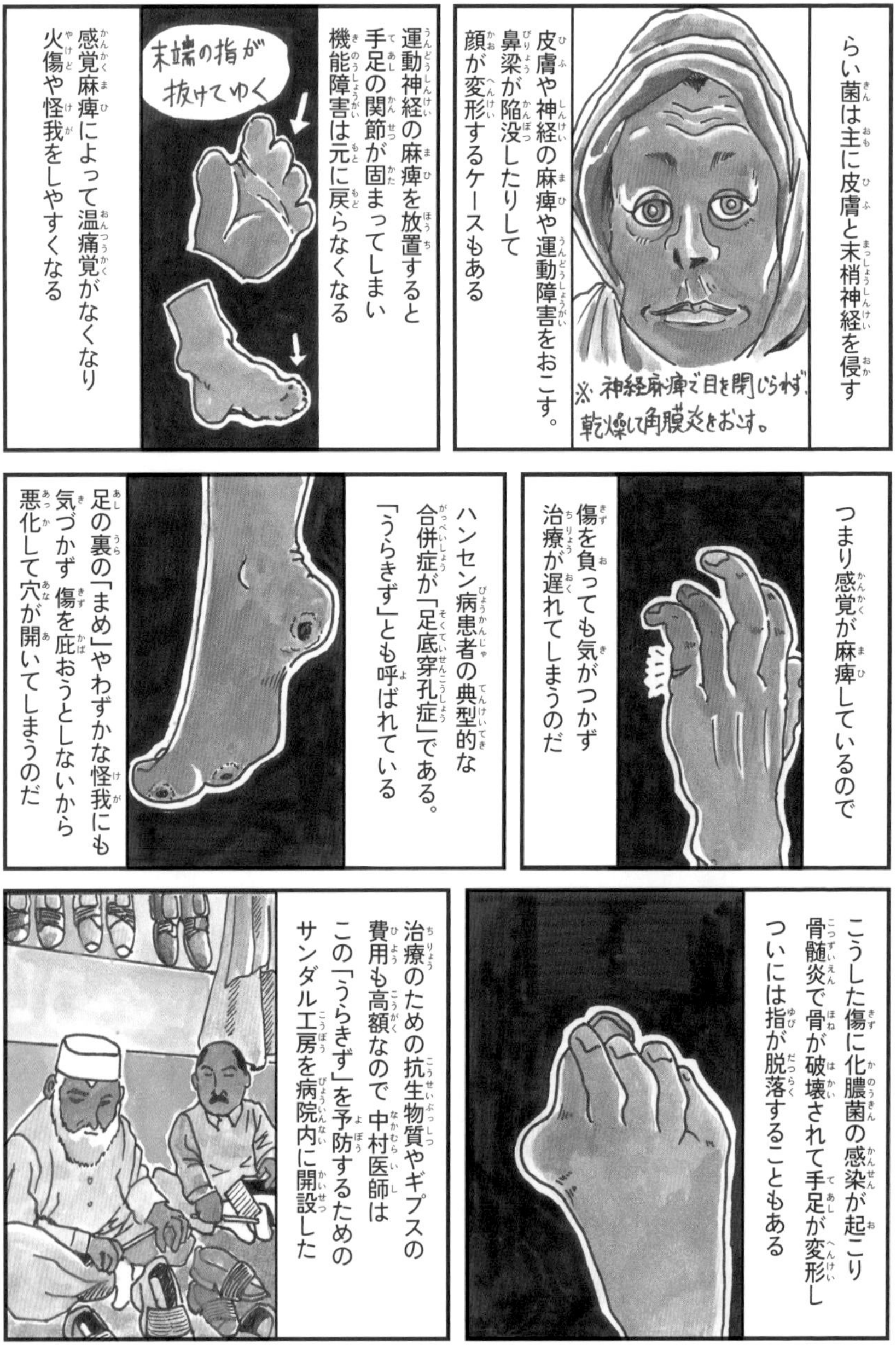
らい菌《きん》は主《おも》に皮膚《ひふ》と末梢神経《まっしょうしんけい》を侵《おか》す
※神経麻痺で目を閉じられず、乾燥して角膜炎をおこす。
皮膚《ひふ》や神経《しんけい》の麻痺《まひ》や運動障害《うんどうしょうがい》をおこす。
鼻梁《びりょう》が陥没《かんぼつ》したりして
顔《かお》が変形《へんけい》するケースもある
運動神経《うんどうしんけい》の麻痺《まひ》を放置《ほうち》すると
手足《てあし》の関節《かんせつ》が固《かた》まってしまい
機能障害《きのうしょうがい》は元《もと》に戻《もど》らなくなる
末端の指が抜けてゆく
感覚麻痺《かんかくまひ》によって温痛覚《おんつうかく》がなくなり
火傷《やけど》や怪我《けが》をしやすくなる
つまり感覚《かんかく》が麻痺《まひ》しているので
傷《きず》を負《お》っても気《き》がつかず
治療《ちりょう》が遅《おく》れてしまうのだ
ハンセン病患者《びょうかんじゃ》の典型的《てんけいてき》な
合併症《がっぺいしょう》が「足底穿孔症《そくていせんこうしょう》」である。
「うらきず」とも呼《よ》ばれている
足《あし》の裏《うら》の「まめ」やわずかな怪我《けが》にも
気《き》づかず 傷《きず》を庇《かば》おうとしないから
悪化《あっか》して穴《あな》が開《あ》いてしまうのだ
こうした傷《きず》に化膿菌《かのうきん》の感染《かんせん》が起《お》こり
骨髄炎《こつずいえん》で骨《ほね》が破壊《はかい》されて手足《てあし》が変形《へんけい》し
ついには指《ゆび》が脱落《だつらく》することもある
治療《ちりょう》のための抗生物質《こうせいぶっしつ》やギプスの
費用《ひよう》も高額《こうがく》なので 中村医師《なかむらいし》は
この「うらきず」を予防《よぼう》するための
サンダル工房《こうぼう》を病院内《びょういんない》に開設《かいせつ》した

サタールは私《わたし》が赴任《ふにん》する前《まえ》から
ミッション病院《びょういん》の守衛《しゅえい》として
病棟《びょうとう》の患者《かんじゃ》の管理《かんり》を任《まか》されていた
Ward A
彼自身《かれじしん》もハンセン病患者《びょうかんじゃ》だったが
守衛《しゅえい》の仕事《しごと》をしながら
治療《ちりょう》を受《う》けていた
面倒見《めんどうみ》が良《よ》く
患者《かんじゃ》やスタッフの間《あいだ》で起《お》こった
問題《もんだい》をよくまとめてくれた
薬《くすり》を嫌《いや》がっていては治《なお》らんぞう
いやー くすりいやー
おい サタール 出番《でばん》だ
!?
ドクター・サーブ まかせてください
やい! こぞう!! 薬《くすり》さ 嫌《いや》がってっと ジュザーム(ハンセン病《びょう》)になるぞ!!
オラの手《て》さ見《み》れ!! 指《ゆび》さ 無《ね》ェだろ? こうなりてェだか!?
分《わ》かったら 言《い》うことさ聞《き》け!
うん わかった
普段《ふだん》は陽気《ようき》な
男《おとこ》だったが
その半生《はんせい》は
壮絶《そうぜつ》なものだった

サタールの故郷《こきょう》はアフガニスタンの山村《さんそん》だ
サタールは他《ほか》の子《こ》たちと同《おな》じように家《いえ》の手伝《てつだ》いと遊《あそ》びに余念《よねん》がなかった。何《なん》の変哲《へんてつ》もない山村《さんそん》の平和《へいわ》な生活《せいかつ》だった
羊《ひつじ》の放牧《ほうぼく》から小麦《こむぎ》の収穫《しゅうかく》や水《みず》くみ幼《おさな》い弟妹《ていまい》の面倒《めんどう》も見《み》た
学校《がっこう》に通《かよ》えるのは裕福《ゆうふく》な家庭《かてい》の子供《こども》だけ
神様《かみさま》のことはマドラサ（モスク附属《ふぞく》の寺子屋《てらこや》）で学《まな》べば充分《じゅうぶん》だった
何《なん》だ!?
ジハード（聖戦《せいせん》）だ!!
そうだ!
イスラムの同胞《どうほう》を救《すく》え!!
カシミールへ行《い》くぞ!
カシミールをインド人《じん》から取《と》り戻《もど》せ!!
アッラー、アクバル!!（神《かみ》は偉大《いだい》なり）
どうしたの?
村《むら》の若者《わかもの》がジハード（聖戦《せいせん》）に参加《さんか》するんだよ
格好《かっこう》いいなぁ。僕《ぼく》も将来《しょうらい》あんな風《ふう》になりたいなぁ

彼《かれ》が目撃《もくげき》したのは1949年《ねん》の第《だい》一《いち》次《じ》印《イン》パ戦争《せんそう》のときに起《お》きたカシミール争奪《そうだつ》をめぐる戦《たた》いにアフガニスタンから参戦《さんせん》した義勇軍《ぎゆうぐん》であろう
よーし、僕《ぼく》もいつかは誇《ほこ》り高《たか》きパシュトゥンとして戦《たたか》い命《いのち》を神《かみ》に捧《ささ》げるんだ
勇《いさ》ましいパシュトゥンの戦士《せんし》の姿《すがた》を少年《しょうねん》はずっと忘《わす》れずにいた
かっこいいな!!
それから数年後《すうねんご》――
お兄《にい》ちゃん
どうした?
昼《ひる》ご飯《はん》はお隣《となり》のサラ姉《ねえ》ちゃんが作《つく》ってくれたよ
お兄《にい》ちゃんはいつサラ姉《ねえ》ちゃんと結婚《けっこん》するの?
へへっ てれるべ…
あ?
な…なんだよ?
どうしたの!? その怪我《けが》は!!
怪我《けが》だって?

血《ち》が出《で》てる。早《はや》く手《て》を洗《あら》わないと!
うわっ!! 本当《ほんとう》だ!!
少《すこ》しも気《き》がつかなかった
ハーキム(村医者《むらいしゃ》)のおっちゃんに手当《てあ》てしてもらったほうがいいよ!?
わかったよ でも不思議《ふしぎ》だよな
ちっとも痛《いた》くないから気《き》づかなかったんだよ
大《おお》きな病院《びょういん》はペシャワールにしかないため サタールは村《むら》で治療《ちりょう》を受《う》けた
Disposable Syringe
Disposable Syringe
LOXONIN
何《なに》!? 痛《いた》みがないだと?
うん 血《ち》が出《で》ているのを見《み》て初《はじ》めてわかったんだ
熱《あつ》さも感《かん》じないんだよ
ま、まさか あの病気《びょうき》がこの村《むら》に……?
お前《まえ》一度《いちど》大《おお》きな病院《びょういん》で検査《けんさ》を受《う》けたほうがいいぞ
検査《けんさ》?
そんな金《かね》ないし大丈夫《だいじょうぶ》だよ。ありがとう先生《せんせい》!!
ま、まて
ハーキム(村医者《むらいしゃ》)の言《い》う通《とお》りにしていれば病状《びょうじょう》は治《おさ》まっていたかもしれなかった

それから指先《ゆびさき》や足《あし》に火傷《やけど》や怪我《けが》をしても ひどく化膿《かのう》してからやっと気《き》づくようなありさまだった
さらに赤《あか》いはれものができ熱《ねつ》も出《で》て体《からだ》の節々《ふしぶし》がひどく痛《いた》むようになった
医者《いしゃ》に診《み》せたいがペシャワールは遠《とお》くその旅費《りょひ》もない
どうすることもできないまま病状《びょうじょう》はさらに悪化《あっか》していった
………
まだ若《わか》いのに頭髪《とうはつ》が抜《ぬ》け手足《てあし》の指《ゆび》もなくなった
瞼《まぶた》も閉《と》じにくくなり白《しろ》まなこがむき出《だ》しになった
きゃあ!!
うおっ!?
サラか?
お前《まえ》本当《ほんとう》にサタールか?
親父《おやじ》さん
すまんがサラとの結婚《けっこん》は諦《あきら》めてくれ
お前《まえ》は呪《のろ》われているのだから
呪《のろ》われてる?
俺《おれ》が何《なに》をしたってんだよ?
ひでぇよ……何《なん》で俺《おれ》が
近所《きんじょ》の者《もの》も気味悪《きみわる》がるようになりとうとうペシャワール行《い》きを決心《けっしん》したバス賃《ちん》もなく知《し》り合《あ》いの車《くるま》で運《はこ》んでもらった

ペシャワールでは同郷《どうきょう》の者《もの》を
頼《たよ》って身《み》を寄《よ》せた
INTERNATIONAL HOSPITAL
ペシャワールの病院《びょういん》
うーん
……
はい、これ
薬局《やっきょく》で
薬《くすり》を
もらって
え？
終《お》わりですか？
この薬《くすり》を
飲《の》んでおけば
じきに治《なお》るよ
はい 次《つぎ》!!
どうだった？
病気《びょうき》は
治《なお》りそうだって？
うん、
この紙切《かみき》れを
もらったよ
おい
サタール
英語《えいご》で
レプロシーと
書《か》いてあるぞ
ジュザーム？
どこかで聞《き》いたことがある
ジュザーム
（ハンセン病《びょう》）だ…
彼《かれ》は底《そこ》しれぬ
恐怖《きょうふ》に襲《おそ》われた

サタールはその知人《ちじん》に食《く》い下《さ》がった
ジュザームってどういう病気《びょうき》なんだ?
教《おし》えてくれ!!
お前《まえ》がジュザームだとわかったからには出《で》ていってもらう
どういう意味《いみ》だ!?
家族《かぞく》にジュザームをうつすわけにはいかない。許《ゆる》せ
な……
なんでジュザームが悪《わる》いんだ!?
俺《おれ》が何《なに》をしたってんだ!?
ひっ
ジュザームだったの?
さ、家《うち》に入《はい》りなさい
………
俺《おれ》を蔑《さげす》んだ目《め》で見《み》るな……
ついに彼《かれ》は路上生活者《ろじょうせいかつしゃ》になった……

この話《はなし》は中村医師《なかむらいし》の『ダラエ・ヌールへの道《みち》』に出《で》てくる実話《じつわ》である。漫画《まんが》で描《えが》くにあたってはその他《た》の著作《ちょさく》も参照《さんしょう》した
ダラエ・ヌールへの道
中村哲
ペシャワールにて
中村哲
サタールはハンセン病《びょう》の治療《ちりょう》のために村《むら》を出《で》た後《あと》 どうして故郷《こきょう》のクナールに帰《かえ》らなかったのだろうか?
中村医師《なかむらいし》はその辺《あた》りの事情《じじょう》を 彼《かれ》が「あまり語《かた》りたがらなかった」と記《しる》している
私《わたし》は彼《かれ》がどうして故郷《こきょう》に帰《かえ》らなかったのかを想像した
パキスタンでもアフガニスタンでもハンセン病《びょう》は一般的《いっぱんてき》に「ジュザーム」と呼《よ》ばれているが
中村医師《なかむらいし》によればこの病気《びょうき》が宗教的《しゅうきょうてき》な理由《りゆう》から忌《い》み嫌《きら》われているということでもないらしい
ジュザームであるが故《ゆえ》に偏見《へんけん》を持《も》つというのはイスラム教《きょう》とは ほぼ無関係《むかんけい》で「土着《どちゃく》の伝統的《でんとうてき》な差別意識《さべついしき》に基《もと》づくものと思《おも》われる」という
ところが中村医師《なかむらいし》はある農村《のうそん》で「恐《おそ》ろしい病気《びょうき》だと聞《き》いたことはあるが見《み》たことはない」という証言《しょうげん》をひどい変形患者《へんけいかんじゃ》の前《まえ》で その兄《あに》から聞《き》かされ 絶句《ぜっく》したことがあるそうだ

パキスタンのスワットには「ピール・ババ」という聖者《せいじゃ》の廟《びょう》がありお参《まい》りにくればハンセン病《びょう》が治《なお》るという言《い》い伝《つた》えで たくさんの患者《かんじゃ》が集《あつ》まってくる
ピール・ババの聖廟《せいびょう》
この地域《ちいき》の人々《ひとびと》はハンセン病患者《びょうかんじゃ》に対《たい》して寛大《かんだい》であり よほどの変形《へんけい》があっても共同体《きょうどうたい》に受《う》け入《い》れられているが――
反対《はんたい》にアフガニスタンの一部《いちぶ》ではハンセン病《びょう》は恐《おそ》るべき病気《びょうき》で「シャイターン（悪魔《あくま》）」の仕業《しわざ》によるものと信《しん》じられているらしい
偏見《へんけん》や差別《さべつ》は意外《いがい》と上流階級《じょうりゅうかいきゅう》や知識層《ちしきそう》に多《おお》いという
知《し》らんでも良《よ》い
？
中村《なかむら》医師《いし》は著書《ちょしょ》の中《なか》で「近代化《きんだいか》とは中世的《ちゅうせいてき》な牧歌的迷信《ぼっかてきめいしん》が別《べつ》のもっともらしい科学的迷信《かがくてきめいしん》に置《お》き換《か》えられてゆく過程《かてい》に過《す》ぎない」と喝破《かっぱ》している
サタールのように都会《とかい》へ治療《ちりょう》に来《こ》られたケースもあるが辺境部《へんきょうぶ》には治療《ちりょう》を受《う》けられない患者《かんじゃ》が今《いま》も多《おお》く存在《そんざい》していると思《おも》われる

ペシャワール旧市街《きゅうしがい》
ご喜捨《きしゃ》を! 神《かみ》は喜《よろこ》ばれますぞ…
その後《ご》サタールはペシャワールで物乞《ものご》いをしていたという
みかんの皮《かわ》を剝《む》いておいたよ!!
すまないな
故郷《こきょう》の村《むら》に帰《かえ》ってもこの姿《すがた》では差別《さべつ》を受《う》けるだろう
彼《かれ》は屈辱《くつじょく》に耐《た》えられなかった。こうしてペシャワールで数年《すうねん》が過《す》ぎたある日——
サタールのおっさん!
俺《おれ》が通《かよ》っているアングレース（英国《えいこく》）の医者《いしゃ》にあんたのこと話《はな》したら今《いま》から連《つ》れてこいってさ
アングレースの医者《いしゃ》!?
近所《きんじょ》ならワシが連《つ》れて行《い》ってやるよ
いやしかし…
行《い》こう行《い》こう!!

ペシャワール ミッション 病院《びょういん》
サラーム・ワレイコム（こんにちは）いかがされましたか？
え⁉ あんた俺《おれ》たちの言葉《ことば》でしゃべるんですかぃ？
ええ
はぁ～
あなたの病気《びょうき》ですが ちゃんと治療《ちりょう》すれば これ以上《いじょう》は悪《わる》くなりませんよ
ほ…本当《ほんとう》ですかぃ？
ええ
今日《きょう》からうちに入院《にゅういん》してください もちろん無料《むりょう》です レシャード君《くん》！
………
はい ドクター
サタールさん 消毒《しょうどく》が終《お》わったら受付《うけつけ》に行《い》きましょうね
！
あ……
ありがとう……
イギリス人《じん》の医者《いしゃ》はサタールの異様《いよう》な容貌《ようぼう》も気《き》にせず 膿《うみ》だらけの傷《きず》を手当《てあ》てしてくれた

Men's Ward
サタールはこの病院《びょういん》の守衛《しゅえい》として雇《やと》われて働《はたら》きながら治療《ちりょう》を受《う》けられるようになった。ようやく人《ひと》らしい生活《せいかつ》を送《おく》れるようになった
アングレース（英国人《えいこくじん》）なのにとても親切《しんせつ》にしてくれる。カーフィル（異教徒《いきょうと》）とも思《おも》えない
ムサルマン（イスラム教徒《きょうと》）は俺《おれ》に何《なに》をしてくれた？ジュザームとわかると俺《おれ》を人間扱《にんげんあつか》いしてくれなかったじゃないか…
今《いま》は仕事《しごと》もあり家族《かぞく》もできた
やっと幸《しあわ》せになったんだ…
サタールは真面目《まじめ》に働《はたら》いた。職務《しょくむ》には忠実《ちゅうじつ》で一度《いちど》も遅刻《ちこく》をしなかった
そしてこの病院《びょういん》で働《はたら》くことになった私《わたし》はサタールと出会《であ》った
なんだと!?
もう一回《いっかい》言《い》ってみろ!!
アフガン人《じん》はパキスタンから出《で》ていけと言《い》ったろ!?
あたり前《まえ》だ!!
あんたらが出《で》ていくべきだ!!

言《い》いがかりはあっちからだ。

難民《なんみん》のくせにいつまでパキスタンにいるんだ!?

えこひいきはしないでくれサタールさん!!

あんなこと言《い》わせておいていいのか!?

あんたも同《おな》じアフガニスタン人だろ!?

同《おな》じムサルマンだろう!?

お前《まえ》ら、俺《おれ》の意見《いけん》を聞《き》きてぇのか!?

ああ!!

!?

教《おし》えてくれ!

ここが嫌《いや》なら出《で》ていきやがれ!!「ムサルマンだから」なんて言葉《ことば》は俺《おれ》は信《しん》じねぇ!!

お前《まえ》らのことでドクター・サーブ中村《なかむら》がいなくなったらどうすんだ!?

俺《おれ》はその「ムサルマン」とやらに騙《だま》されたのさ!! それにパキスタンもアフガニスタンもあるか!!

俺《おれ》もお前《まえ》らもジュザームだ!! 患者《かんじゃ》は黙《だま》って治療《ちりょう》を受《う》けてりゃいいんだ!

いやなら出《で》ていけ!

ちったぁ頭《あたま》を冷《ひ》やしやがれ!

サタールちょっと
ドクター・サーブ! あっしはまずいことを言《い》っちまいましたか?

ニヤリ

その後《ご》私《わたし》はアフガン人医療《じんいりょう》チームの組織《そしき》づくりに忙殺《ぼうさつ》されしばらく病院《びょういん》を留守《るす》にしていた
ミッション病院《びょういん》
サタールが重症《じゅうしょう》？
腸《ちょう》チフスを患《わずら》ったあとに衰弱《すいじゃく》して敗血症《はいけつしょう》と急性粟粒結核《きゅうせいぞくりゅうけっかく》も患《わずら》っています
ならばどうして辞職《じしょく》して通院《つういん》もやめたのだ？
サタールがパキスタン人医師《じんいし》の長引《ながび》く治療《ちりょう》に耐《た》えきれず怒《おこ》って病院《びょういん》に来《こ》なくなったのです
残念《ざんねん》ながら彼《かれ》には死相《しそう》が出《で》ています私《わたし》はこのような患者《かんじゃ》を何人《なんにん》も診《み》ました
もう諦《あきら》めるべきでは？彼《かれ》の意志《いし》を変《か》えることは不可能《ふかのう》です
わかった。とりあえず彼《かれ》の年金《ねんきん》の手続《てつづ》きを済《す》ませてくれ
会計係《かいけいがかり》にサタールの年金《ねんきん》の手続《てつづ》きを済《す》ませるように伝《つた》えてくれ
はい
…………
もう彼《かれ》は長《なが》くはないだろう……
しかし残《のこ》された家族《かぞく》はどうなる？
この一週間《いっしゅうかん》は水《みず》以《い》外《がい》口《くち》にしていません

すまん
聴診器《ちょうしんき》を忘《わす》れた
背中《せなか》をこちらに向《む》けてくれ
ゼエ ゼエ……
…………
かなりの高熱《こうねつ》だ……
息《いき》をするのも辛《つら》いだろう…
いいか サタール 聞《き》け。
お前《まえ》はこのまま死《し》ぬことが潔《いさぎよ》い つもりだろうが そうはいかん
薬《くすり》とスープだけは飲《の》むようにしろ
お前《まえ》の命《いのち》はアッラー(神《かみ》)のものだ お前《まえ》が決《き》めることじゃない
格好《かっこう》をつけるな! 恥《はじ》をさらしてでも生《い》き続《つづ》けなければならないこともあるんだ!!
わかりました おっしゃるとおりにします
ただ病院《びょういん》には死《し》んでも帰《かえ》りません… ここで家族《かぞく》といっしょにいさせてください…
ゴホ ゴホ
うう…
お願《ねが》いします

私《わたし》はほとんど絶望的《ぜつぼうてき》な気持《きも》ちで
サタールの家《いえ》をあとにした
休《やす》んでください
あとを頼《たの》む
サタールは自《みずか》ら死《し》を選《えら》んだ…
だが私《わたし》は医者《いしゃ》だ
患者《かんじゃ》を救《すく》うのが仕事《しごと》だ…
医者《いしゃ》としては治療《ちりょう》を受《う》けて生《い》き長《なが》らえてほしい…
だが誇《ほこ》り高《たか》き彼《かれ》にこれ以上《いじょう》してやれることはない…
ドクター・サーブ 車《くるま》を出《だ》しますか？
いや、いい……
人《ひと》の命《いのち》を救《すく》う 助《たす》けると
医者《いしゃ》が決《き》めることなのか…
中村医師《なかむらいし》は数年後《すうねんご》
サタールの故郷《こきょう》がある
アフガニスタンの山岳地帯《さんがくちたい》へ
活動《かつどう》を広《ひろ》げ
隠《かく》れたハンセン病患者《びょうかんじゃ》の
早期発見《そうきはっけん》に努《つと》めた
そして後年《こうねん》
アフガニスタンに拠点《きょてん》を移《うつ》し
医療支援《いりょうしえん》と農村復興《のうそんふっこう》に
生涯《しょうがい》を捧《ささ》げることになる

独学で覚えた外国料理

「あなたは料理ができますか?」

中村医師の活動を支えるNGO「ペシャワール会」の現地派遣ワーカーとして内定した私が、赴任《ふにん》前最後の挨拶のため福岡の本部事務局を再訪問したのは、出国する一ヵ月前の二〇〇四年一二月。東京のアパートはすでに引き払い、福岡の実家に身を寄せていた。

派遣前、担当の福元満治《みつじ》さんから質問されたのが冒頭のセリフ。

自炊の経験もあるし、調理のアルバイトもしていたという話をすると、福元さんは「貴重な戦力になるな」と笑みを浮かべていた。現地では料理の仕事もあるのか、と少し意外だったのを覚えている。

ペシャワール会の活動は、中村医師の著書やニュース等で学んではいたが、井戸掘りや医療活動のイメージが強かった。難民たちへの炊き出しまでしているのかと勝手に想像した。

私の顔を見て福元さんは勘違《かんちが》いをしていると察したのか、念を押して説明してくれた。

「日本人ワーカーが現地で食べる食事のことですよ。朝と昼は現地人のスタッフが作ってくれるけれど、夕食は自分たちで作ってもらいます。もちろん、中村医師もその料理を食べます」

そこで初めて合点《がてん》がいった。つまり、現地でその土地の食材を使って、日本人の舌に合うような〝まかない料理〟を作れということである。私は幼いころから食への関心は強く、おいしい料理に出会うと味を記憶して自分で作って独学で覚えてきた。両親が共働きでうどん屋を経営していたという家庭環境もあり、自分で作るのが当たり前だったことも影響している。

　海辺の町で育ったことも幸《さいわ》いした。小学生のころから自分で釣った魚を三枚におろして捌《さば》けるようになっていた。子供なりの模倣《もほう》だったが、同世代の子供よりは上手だっただろう。

　後年になって外国でおいしい料理に出会うと、自分でもその料理を作りたいという気持ちが増した。どんな食材や調味料を使うのか、調理法や調理道具などにも興味が湧《わ》いた。

　このスイッチが入ると、私は店員に下手な英語で「厨房《ちゅうぼう》に入って料理を作るのを見たい」と図々《ずうずう》しく頼み込んだ。こんな頼みをする外国人が珍しいのか、大概《たいがい》の店は快く許可してくれた。

　写真を撮ったり、作る過程をメモしたり、取材をするようにあれこれ質問した。わずかだが謝礼も払った。異国で覚えた料理を日本で再現するのが何よりのお土産《みやげ》だった。

　このように素人《しろうと》なりの独学で応用力も身についた。どの食材や調味料がなければ作れない、というのでなく、代わりになる調味料や食材を見つけてどう応用するかという実践的な調理法を身につけるのに役立った。

　私にはかつてユーラシア大陸を横断した経験もある。様々な国々を旅して、いろんな食材や料理を味わってきた。

　ただ、アフガニスタンにはまだ行ったことがないので皆目見当《かいもくけんとう》がつかない。幸いなことに隣国のパキスタンやイランは訪れたことがあり、バザールなどのイメージは何となく掴《つか》めた。ただ、バザールでは野菜や肉は見たが、はたしてそれが和食に合う食材なのか、調理道具や燃料はどんな物があるのかわからなかった。パキスタン料理のレストランは東京にもいくつかあり、何となくアフガニスタンも同じような食材を使った料理なのだろうと想像するしかなかった。

アフガニスタンでの生活がどうなるのか、期待と不安が入り交《ま》じった気持ちで出国の日を待った。

ペシャワール会

「ペシャワール会」や中村哲《てつ》医師のことをよくご存じでない方のために、簡単に説明しておきたい。
中村医師が医療活動を始めたのはパキスタン北西辺境《へんきょう》州（現カイバル・パクトゥンクワ州）の州都ペシャワールで、一九八四年のことだ。中村医師の医療活動を物心《ぶっしん》両面で支援するために結成されたのがNGO・ペシャワール会だ。創生期の会員の大半が、中村医師の中学・高校・大学の同窓生やキリスト教の教会関係者、福岡登高《とこう》会のメンバー、など。半《なか》ば同好会的な雰囲気だったという。

　ペシャワールがある一帯はかつてガンダーラと呼ばれ、仏教文化が花咲いた地域として日本人にも馴染《なじ》みが深い。

　私が赴任《ふにん》していた当時は、中村医師が最初に赴任したキリスト教系の病院から独立してペシャワールの郊外に建設した病院が重要な基地であった。パキスタン・アフガニスタン両国に跨《また》がる活動の中継地点としての役割も担《にな》っていた。ちなみにこの病院の設計や施工も中村医師が陣頭指揮をとったという。

　とくに二〇〇〇年以降、中村医師がアフガニスタン側で井戸掘りや水路建設の最前線で活動するようになると、院長代理として藤田千代子《ちよこ》看護部長が病院を切り盛りし、パキスタン人で元軍人のイクラムラ事務長、アフガニスタン人のジア医師らを中心に一〇〇名以上のスタッフが働いていた。

ペシャワール会の現地活動

ペシャワール会《かい》は中村医師《なかむらいし》の活動《かつどう》を物心両面《ぶっしんりょうめん》でサポートする組織《そしき》で
全額《ぜんがく》会員《かいいん》や支援者《しえんしゃ》の会費《かいひ》や寄付《きふ》で運営《うんえい》されています
活動《かつどう》はパキスタンとアフガニスタンの両国《りょうこく》にまたがり——
水路現場
用水路《ようすいろ》チームは毎日《まいにち》宿舎《しゅくしゃ》から建設現場《けんせつげんば》へ通勤《つうきん》
ダラエヌール
医療チーム
農業チーム
用水路《ようすいろ》建設現場《けんせつげんば》の近《ちか》くには診療所《しんりょうしょ》もあります
アフガニスタン
パキスタン
ジャララバード
(日本人SH)
水路チーム
事務所チーム
ペシャワール
基地病院
医療チーム
ペシャワール基地病院《きちびょういん》——当時《とうじ》は活動《かつどう》の拠点《きょてん》だったが複雑《ふくざつ》な政治的事情《せいじてきじじょう》で'09年《ねん》現地組織《げんちそしき》に移譲《いじょう》し活動《かつどう》をアフガニスタンに移《うつ》した
ダラエヌール診療所《しんりょうしょ》は'91年《ねん》から現在《げんざい》までこの地《ち》で診療《しんりょう》を続《つづ》けており 医師《いし》やナース検査技師《けんさぎし》もそろっている
アフガニスタン東部《とうぶ》の大都市《だいとし》ジャララバードには日本人《にほんじん》のワーカー宿舎《しゅくしゃ》があり中村医師《なかむらいし》とともに10人《にん》ほどが生活《せいかつ》していた
トン
トン
ドクター
急患《きゅうかん》です
Z Z…
起《お》きました?
ああ…
今《いま》行《い》くよ
西野《にしの》恭平《きょうへい》医師《いし》
ダラエヌールには医療《いりょう》と農業班《のうぎょうはん》が働《はたら》いており4~5人《にん》の日本人《にほんじん》ワーカーが駐在《ちゅうざい》していた
ダラエヌール診療所《しんりょうしょ》は24時間体制《じかんたいせい》でドクターやスタッフが交替《こうたい》で駐在《ちゅうざい》
村人《むらびと》も遠《とお》い町《まち》へ治療《ちりょう》に行《い》かなくて済《す》むのでスタッフを大事《だいじ》にしてくれる

中村医師のパキスタンでの初期の活動はハンセン病（らい）を始めとする感染症患者の診療や、パキスタン側へ逃れてきたアフガン難民や僻《へき》地の山岳無医村などへの巡回医療が柱だった。

ハンセン病とは、主に手足の末梢《まっしょう》神経の感覚（とくに温痛覚）などが麻痺《まひ》し、傷や火傷《やけど》に気づかぬまま放置された結果、やがて患部が壊疽《えそ》して切断しなければならなくなるといった深刻な合併症をひき起こす細菌感染症である。今では治療薬も発達して徐々に克服されつつあるが、かつては非科学的な迷信によって、患者は長らく偏見と差別に苦しまなければならなかった。

日本でもハンセン病患者に対する差別は過酷なものだった。松本清張《せいちょう》原作の映画『砂の器《うつわ》』はハンセン病患者に対する差別が取り上げられた作品として有名である。

赴任したばかりの中村医師は、ハンセン病の患者たちが治療してもすぐに再発する背景に注目し、その原因をじっと観察した。

再発防止に必要なものは何か？　中村医師は熟慮《じゅくりょ》の末、患者に合う特製のサンダルを作る工房を病院内に開設し、元患者らを雇ってそのまま職人として育てることにした。

中村医師が心がけたのは、一方的な援助を与えるだけではなく、虐《しいた》げられてきた患者たちが自活し、誇りを取り戻すことだった。

中村医師の、単なる医者ではない先見《せんけん》の明《めい》と現地主義の思想が、初期の段階から発揮されていた。先進国の人たちが良かれと思ってやったことでも現地で反発を招くのは、現地の人々が本当に何を望んでいるのかを虚心《きょしん》に聞いていないからだ。

中村医師の活動は、欧米の団体が陥《おちい》りがちな「持てる者から持たざる者への施《ほどこ》し」という援助のあり方とは一線を画す、地を這《は》うような地道なものである。また中村医師は、伝教大師《でんきょうだいし》最澄《さいちょう》（七六七〜

八二二）の言葉である「一隅《いちぐう》を照らす」を好んで引用していた。平たく言うと、「どんな状況であれ自分自身が努力して人として輝き、身近にいる人々を照らしなさい。そうすれば輝きは連鎖して社会や世界が明るくなるよ」という教えである。

医療活動から始まった中村医師とペシャワール会の活動は、その時々の現地情勢に応じて、井戸掘りや用水路建設事業、農業支援へと変化・拡大してゆく。だが活動の根幹にあったのは抽象《ちゅうしょう》的な「平和」ではなく、「家族と一緒に暮らせて、三度の飯を食っていけるように」という、人としてごく当たり前の願いを実現することだった。

中村哲医師、白衣を脱ぎ井戸を掘る

アフガニスタン東部《とうぶ》クナール州《しゅう》
ダラエヌールの診療所《しんりょうしょ》
はて いつもより 患者《かんじゃ》が 多《おお》いな
子供《こども》が多《おお》い ようですね……
先生《ドクター》！
すぐに私《わたし》も 診察《しんさつ》する！ 会議《かいぎ》はあとだ
先生《ドクター》！
外来患者《がいらいかんじゃ》のデータです。 赤痢《せきり》などの感染症《かんせんしょう》が 急増《きゅうぞう》しています
感染症《かんせんしょう》か…
薬《くすり》を多《おお》めに発注《はっちゅう》 しなければ
薬《くすり》だけでは 足《た》りぬ……
感染症《かんせんしょう》の患者《かんじゃ》が急増《きゅうぞう》したのは 水《みず》が問題《もんだい》かもな すぐ調査《ちょうさ》してくれ
ダラエヌール診療所《しんりょうしょ》の近隣《きんりん》の村々《むらむら》を 調査《ちょうさ》すると ある事実《じじつ》が判明《はんめい》した
井戸《いど》が 涸《か》れている？
はい。 しかも 多《おお》くの村《むら》で…
ドクター・ジアの意見《いけん》は？
水不足《みずぶそく》で 衛生状態《えいせいじょうたい》が悪化《あっか》した結果《けっか》 赤痢《せきり》が流行《りゅうこう》したとすれば 辻褄《つじつま》が合《あ》いますね
水《みず》か……

2000年《ねん》8月《がつ》パキスタン北部《ほくぶ》にある
ラシュト診療所《しんりょうしょ》の近《ちか》くで氷河《ひょうが》が崩落《ほうらく》した
ウズベキスタン
アフガニスタン
ワマ
ダラエピーチ
ダラエヌール
ジャララバード
カーブル
ラシュト
ペシャワール
パキスタン
イスラマバード
カイバル峠
崩落《ほうらく》した氷河《ひょうが》によって川《かわ》がせき止《と》められ
上流《じょうりゅう》が増水《ぞうすい》。診療所《しんりょうしょ》付近《ふきん》まで被害《ひがい》を
もたらした。今《いま》までにない異常事態《いじょうじたい》に
村人《むらびと》もパニックになった
この年《とし》の夏《なつ》からユーラシア大陸《たいりく》の中央部《ちゅうおうぶ》は
未曾有《みぞう》の大干《だいかん》ばつに見舞《みま》われていた
中《なか》でもアフガニスタンでの被害《ひがい》が甚大《じんだい》だった。
国連《こくれん》は1200万人《まんにん》が被災《ひさい》し
400万人《まんにん》が飢餓《きが》に直面《ちょくめん》
100万人《まんにん》が餓死寸前《がしすんぜん》と警告《けいこく》した
パキスタンとアフガニスタンの
水源地《すいげんち》であるヒンズークシュ山脈《さんみゃく》
全体《ぜんたい》に異変《いへん》が起《お》きている……
山《やま》にある氷雪《ひょうせつ》は水源《すいげん》であり
巨大《きょだい》な貯水槽《ちょすいそう》だ。
その貯水槽《ちょすいそう》が涸渇《こかつ》しつつ
あるとしたら……
すぐに対策《たいさく》を
始《はじ》めなければ
手遅《てお》れになってしまう

PMS《ピーエムエス》※の活動地域《かつどうちいき》であるアフガニスタン東部《とうぶ》
ナンガラハル州《しゅう》。干《かん》ばつの被害《ひがい》は
隣《となり》のクナール州《しゅう》にあるダラエヌール渓谷《けいこく》と
ソルフロッド郡《ぐん》などでも深刻《しんこく》だった
ダラエヌール
ジャララバード
ソルフロッド
チャプラハル
ロダット
アチン
2000年《ねん》8月《がつ》 ジャララバードに
「PMS水計画事務所《みずけいかくじむしょ》」を設置《せっち》。
涸《か》れた井戸《いど》の再生《さいせい》や手掘《てぼ》りによる
井戸《いど》の新設《しんせつ》などの活動《かつどう》が始《はじ》まった
そして中村医師《なかむらいし》は白衣《はくい》を脱《ぬ》ぎ
水《みず》を得《え》るための仕事《しごと》を
始《はじ》めることになった
水《みず》がなければ
人《ひと》は生《い》きてゆけない。
薬《くす》で飢《う》えや乾《かわ》きは癒《いや》せない
金《かね》のない貧《まず》しい者《もの》は難民《なんみん》にもなれず
ただ水《みず》のない村《むら》で死《し》を待《ま》つしかない
「病気《びょうき》はあとで治《なお》すからまずは生《い》きていてくれ」
中村医師《なかむらいし》はそう祈《いの》るような
気持《きも》ちだったと著書《ちょしょ》に記《しる》している

※PMS《ピーエムエス》=中村哲医師《なかむらてついし》とともに支援活動《しえんかつどう》を実行《じっこう》する現地組織《げんちそしき》。Peace Medical Services《ピースメディカルサービス》の略称《りゃくしょう》

◉コラム　中村哲《てつ》医師の〝貫禄《かんろく》〟

先のコラムでも紹介した「日本電波ニュース社」のカメラマン・谷津賢二《けんじ》さんは、マスコミ嫌いの中村医師が現地での密着取材を許可していた数少ない人物だ。二〇年以上にわたって現地への渡航を繰り返し、常に中村医師の側《そば》でカメラを回してきた。記録した映像はトータルで約一千時間。中村医師が谷津さんに対して如何《いか》に心を許していたかが分かるだろう。

米軍がアフガニスタンに駐留していたころ、幹線《かんせん》道路には即席の検問所が設けられていた。これが非常に煩《わずら》わしかった。治安維持かテロ予防か知らぬが、車から降ろされて壁に手を付かされ身体検査をさせられる。おまけにドーベルマンが匂《にお》いを嗅《か》ぎにくる。実際に私もパキスタンとの国境にあるトルハムでこの検問を受けた。非常に不快だった。

一時期は用水路の建設現場から宿舎のあるジャララバードへ向かう通勤路上にもこの検問所が設けられていた。装甲車《そうこうしゃ》を道路脇に停《と》めて、周囲を威嚇《いかく》するように自動小銃を携《たずさ》えた米兵が一台ずつ見て回る。

ある日、現場での取材を終えた谷津さんは、中村医師の乗るランドクルーザーの後部座席に座っていた。中村医師はいつも助手席に座る。現地では、目上の人は助手席に座るのが常である。

中村医師の乗った車両にも米兵が近づいてきた。引き金に指をかけたまま、小銃の先で窓ガラスをノックする米兵。まだ顔に幼さが残る若い兵士だったという。

ドライバーが中村医師側の窓を開けると、英語で話しかけてきた。

「名前は？」

米兵たちはただ形式的な質問を繰り返しているに過ぎなかったのだろう。名前を訊《き》いても大して意味などないことを、彼ら自身が自覚しているようだった。

アフガニスタン人からすれば、外国人が自分たちの土地（国ではない）で、我が物顔で車を止めて検問されて快く思う者は誰もいない。不快ではあるが名前を言って「ＯＫ」というやり取りで終わる。

しかし、このとき中村医師はこの兵士の無礼極まる態度を見逃さなかった。

「他人に名前を訊く前に、まず自分から名を名乗るのが筋ではないか？」

流暢《りゅうちょう》な英語を聴いた米兵は、はっとした顔で中村医師を見つめた。両者に沈黙が流れる。

怯《ひる》んだ米兵が無線を取り出して「少し待て」と言い、距離を取って話し込んでいる。中村医師は泰《たい》然《ぜん》としているが、面食らった米兵は明らかに動転しているように見えた。

上官と話したのだろうか、戻ってきた米兵は「どうぞ、行ってください」と言葉づかいを改め、車両は無事通過。谷津さんは後部座席から一部始終を見ていた。

「中村医師の凄《すさ》まじい貫禄《かんろく》に気圧《けお》されたようでした」

当時を振り返って谷津さんが話してくれた。この話をアフガン人スタッフに話したら、皆が快哉《かいさい》の声を上げたという。さぞや溜飲《りゅういん》が下がったことだろう。さすが我らが親分、といったところか。

第2章
日本人宿舎《スタッフハウス》まかない日記

＊ジャララバードにあった日本人宿舎のキッチン。ヘッドライトの灯りで料理に勤しむ著者

食材とともに着任

日本からペシャワールの基地病院に着くと、まず日本で預かった荷物を解いた。

藤田看護部長がテキパキとアフガニスタン側へ転送する荷物の選別をする。ペシャワールには彼女以外にも日本人ワーカーが数名駐在していて、主に看護師や検査技師、薬剤師などの医療従事者だった。女性のワーカーも活躍していた。

中身は市販のスーパーでよく見かける細粒《さいりゅう》の「出汁《だし》の素《もと》」や乾物《かんぶつ》のいりこや昆布《こんぶ》、醤油《しょうゆ》、カレーのルウなどの調味料だった。他には高野《こうや》豆腐、かんぴょう、はるさめ、乾燥わかめなどのドライフーズ類もあった。

日本から送られた貴重な食材はペシャワールで紐解《ひもと》き、さらにアフガニスタンへ分配されるという流れのようだ。

「福岡の事務局で荷物を預かるとき、中身のことを何も知らされませんでした。すべて食材だったんですね！」

「長年、異国で暮らすと食事の問題が必ず起きるのよ。日本では簡単に手に入る食材や調味料が、ここでは手に入らないから。食事が合わない人は活動を続けるのが難しいのよ。この食材は日本の事務局が、現地で活動している中村先生やワーカーたちが元気に仕事に励めるように送ってくれた物なんですよ」

藤田看護部長は慣れた感じでこう答えた。

のちにこの食材がどれだけ貴重で大切なものかを知ることになる。

＊

アフガニスタンのビザが下りたので、いよいよ陸路でアフガニスタンへ向かう。ペシャワールの基地病院からアフガニスタン側の拠点ジャララバードまで車で一日の行程だ。アフガニスタンへ入国するビザはペシャワールでも習得できるが、陸路で国境を越える場合は、パキスタン軍の兵士を雇《やと》わねばならない。ただし当時、この両国を跨《また》ぐ大部族であるパシュトゥン民族の人たちは、私が知る限りこの国境をパスポートやビザなしで往来していた。

私は病院のスタッフが準備してくれたとおりに、軍の施設での面接を受け許可証をもらった。個人だったら、さらに面倒くさい手続きを踏まねばならなかっただろう。

アフガニスタン側から迎えにきた車両に乗り換える。ああ、憧《あこが》れのカイバル峠だ。紀元前のアレキサンダー大王の遠征軍に始まり、鳩摩羅什《くまらじゅう》や玄奘三蔵《げんじょうさんぞう》が仏典を求めて徒過《とか》したほか、モンゴル帝国やイギリス、ロシアの覇権《はけん》争いの舞台にもなった。歴史好きとしては嫌が上にも興奮してしまう。

パキスタン側を振り返ると、今朝出発したペシャワールの街が霞《かす》んで見える。明らかに自然の景観が荒々しくなり、人工物が減ってきたのが分かる。街では直線を多く見かけるが、自然の中では直線を見なくなる。

山羊《やぎ》を先頭に羊がぞろぞろと連なって移動する遊牧民のキャラバン隊が行く。乾ききった山々に、木々がポツポツと申し訳なさげに植わっている。灰褐色《はいかっしょく》に近い岩肌に容赦《ようしゃ》なく日射が照りつける。日本と違って乾燥した気候だからか、空には雲が無く、群青《ぐんじょう》色。日本では目にすることのない、過酷な

文明の十字路、カイバル峠

パキスタンカイバル・パクトゥンクワ州《しゅう》の州都《しゅうと》ペシャワールの街《まち》から国境《こっきょう》のカイバル峠《とうげ》を越《こ》えアフガニスタンを目指《めざ》す
昔《むかし》から山賊《さんぞく》による追《お》い剥《は》ぎや殺人《さつじん》が多発《たはつ》する地域《ちいき》で「トライバルエリア」と呼《よ》ばれる部族《ぶぞく》の自治地域《じちちいき》である
アレキサンダー大王《だいおう》の遠征以来《えんせいいらい》東西文明《とうざいぶんめい》の交流《こうりゅう》ルートとして知《し》られる
「三蔵法師《さんぞうほうし》」として有名《ゆうめい》な玄奘《げんじょう》らも仏典《ぶってん》を求《もと》めてこの峠《とうげ》を越《こ》えたと伝《つた》えられる
断崖絶壁《だんがいぜっぺき》が続《つづ》く
昔《むかし》はペシャワールから国境《こっきょう》の街《まち》まで34㎞の鉄道《てつどう》が走《はし》っていたが枕木《まくらぎ》や線路《せんろ》が盗《ぬす》まれて見《み》る影《かげ》もない
何《なに》も残《のこ》っていないじゃないか…
パキスタン兵士《へいし》の護衛《ごえい》をつけなければ通《とお》ることができない。いつも料金《りょうきん》をめぐってもめる
2倍《ばい》くれ！
がるる…
正規《せいき》の値段《ねだん》しか払《はら》わんぞ

自然の姿に圧倒される。

カイバル峠のピークで休憩することになった。実に見晴らしが良いが、空気が乾燥していて寒い。

ドライバーが売店でマンゴージュースを買ってきてくれた。マンゴーの甘さが疲労を緩和《かんわ》してくれる。そうか、知らないうちに体から水分が抜けていたのだと気がつく。喉がカラカラになっていて、ねっとりと甘いマンゴージュースをひときわおいしく感じた。

さらに峠を進むと緩《ゆる》やかな坂道になり、いよいよアフガニスタンの大地が眼下《がんか》に広がる。

トルハムのボーダー（国境）を越えてイミグレーション（入国管理事務所）に着くと、ジャララバードから迎えに来てくれたアフガン人スタッフがいたので荷物を渡す。旅行用のキャリーバッグの中身が、まさか出汁の素やら乾物だとは誰も思うまい。仮に強盗がこのキャリーバッグを盗んだとして、中身を開けたときの驚く顔を想像して笑ってしまった。

ついにアフガニスタンへ

ついに憧《あこが》れのアフガニスタンへ入国した。

国境を越えて荒々しい岩盤《がんばん》の渓谷《けいこく》を抜けると、砂が舞う乾ききった大地が広がっている。心なしか気温もじわじわと上がってきている。とにかく砂色の単色の世界。すべてが乾ききっている。

そして地平線が広がる沙漠地帯にさしかかると、空の色までもが砂色に変わり、大地との見分けがつかなくなる。しかも道はアスファルトで舗装《ほそう》されておらず、大きな窪《くぼ》みを避けながら進む。悪路《あくろ》で上下左右に揺らされて、何度も舌を噛《か》んでしまった。

延々と同じ風景が続く。もう三時間ほど凸凹道をじっと耐えている。途中でドライバーが何かを飲む仕草《しぐさ》をする。休憩をしようという意味かな？　やっと息がつける。

立ち寄ったのは粗末《そまつ》な掘《ほ》っ立《た》て小屋で細々《ほそぼそ》と営む雑貨屋。ドライバーが主人と挨拶を交わす。ドライバーの奢《おご》りでペプシコーラの缶を渡される。お礼を言って飲むと、常温ではあったが心地よい炭酸ののど越しが嬉しかった。

人心地《ひとごこち》を取り戻して、周りを見渡す。

地平線の向こうには白亜《はくあ》の山脈がかすかに見えた。こんなに潤《うるお》いのない過酷な自然の風景を見たことがなかった。アフガニスタン人のドライバーとも話をしたいのだが、お互いに言葉が通じないので、意思疎通《そつう》が難しい。

だが、人なつこい笑顔を見せる髭面《ひげづら》のドライバーの横顔を見ていると、これからの生活に対しての不安や心配も吹き飛んだ。まあ、これからぼちぼち現地語を覚えていこう。

日が暮れる前にジャララバードにある日本人宿舎、通称「スタッフハウス」に到着した。宿舎の門を開けると、日に焼けた日本人ワーカーたちが歓迎してくれた。彼らは一日の仕事を終えて、宿舎に戻って食事の準備をしているところだった。皆、茶褐色《ちゃかっしょく》に焼けて逞《たくま》しい。到着した時間が遅くて薄暗かったが、彼らが笑うと歯が際《きわ》立《だ》って白く見えた。

宿舎の第一印象はお世辞にもきれいとは言えず、土方《どかた》の飯場《はんば》と言った方が良いほど埃《ほこり》っぽいものだった。宿舎はアフガン人の住居を借りて改築したものとのことだったが、日本と違って砂が細かく、砂埃《すなぼこり》が年中吹きつける土地柄《がら》なのだ（アフガン人の宿舎責任者の名誉のために書くと、ちゃんと毎日掃除はしてくれていた）。

すぐに中村医師のいる二階の部屋へ挨拶にゆく。

中村医師とはアフガニスタンに出発する前に、一度だけ福岡でお会いしていた。私の姿を見ての第一声は「ああ、あんたなら現場で肉体労働が向いとるバイ」。どうやら中村医師は私のことを、絵を描くような男ならきっとひ弱《よわ》な体型だろう、だったら事務仕事が良かろうと考えていたらしいが、私の体格が意外に大きいのを見て気が変わったようだ。

「しばらくご厄介《やっかい》になります。どうぞよろしくお願いします」

中村医師は微笑《ほほえ》みながら「まあ、楽しんで仕事をしてください」と和《なご》やかに返してくれた。

中村医師は基本的に物静かで訥々《とつとつ》と話す。どんな動機や目的を持つ日本人ワーカーが来ても、来る者拒《こば》まずの姿勢を貫《つらぬ》いていた。しかし、ひとたびその温和な中村医師を怒らせると、最悪の場合帰国を命じられるケースもある。それはまた別の機会に記そう。

日本人ワーカーたちに、ペシャワールで分配された食材や調味料を渡す。すると日本人ワーカーの面々は乾燥昆布、干し椎茸《しいたけ》、かつお出汁《だし》のパックを手に取り、子供のようにはしゃいでいる。

「おお、カレーのルウが来たぁ！」

たかがカレーのルウで、この歓声《かんせい》は何なのだ？　思わず「戦時中の飢《う》えた子供かよ？」とツッコミたくなるほどだったが、後《あと》になって彼らの気持ちがよく分かるようになる。

こうして私のアフガニスタンでの生活が始まった。

異文化との葛藤

アフガニスタンでの食生活の話題に入る前に、現地に赴任《ふにん》した日本人ワーカーがどんな仕事をしていたかを紹介したい。

ペシャワール会が結成された経緯《いきさつ》はすでに触れた。中村医師のパキスタン、アフガニスタンでの活動を、中村医師と共に実行するための現地組織がＰＭＳ（Peace Medical Services＝平和医療サービス）であり、ペシャワール会がこれを物心《ぶっしん》両面で支えてきた。

日本側（ペシャワール会）から現地に派遣されて中村医師と共に働くのが私たち日本人ワーカーだ。当時、日本から派遣されたワーカーの職場はパキスタンとアフガニスタンに分かれていたが、パキスタン側ではペシャワールの基地病院に四～五人の日本人ワーカーがいた。ここに勤務していたのは医療従事者を中心とするメンバーだ。医師、看護師、検査技師、薬剤師などの専門的な資格を持つ人たちである。

もちろん、私のように医療資格を持たぬ者でも仕事はあった。例えば、病院の事務や会計などの業務だ。

私も途中の約一年間、ペシャワールの基地病院に勤務した。病院の二階にあったゲストハウスに寝《ね》泊《と》まりして、総務などを受け持っていた。

毎日出勤する掃除係と共に病院の掃除もした。

朝礼が終わるとすぐに溢《あふ》れるほど患者がやってくるので、患者の邪魔にならないように掃除を済ませなければならない。外来《がいらい》の時間帯は庭や地下室などを掃除し、午後は患者がいなくなってから外来患者の部屋を掃除する。

私がトイレなどを率先《そっせん》して掃除していたら、共に働くパキスタン人のチーフ・アドバイザーで元軍人のキナット・シャーから注意を受けた。

「ミスター・ダイ（基本的には姓より名前でこう呼ばれていた）。君が掃除に精《せい》を出しすぎると、パキスタン人の掃除スタッフに、自分たちは掃除をしなくて良いのだと勘違《かんちが》いさせてしまう。君は監督《かんとく》役として彼らの掃除を管理する役に回ってくれ」というのである。

これには文化の違いを感じた。日本人の感覚としては、新入《しんい》りは率先《そっせん》して下働《したばたら》きをせよと躾《しつ》けられるだろう。どうもこの国では勝手が違うようだ。頭では分かったのだが、実際に仕事を通じて理解するのに時間がかかった。

「自分でやった方が早いと思うのはいけないのかな？」

疑問をぶつけてみた。元軍人のキナット・シャーは英語を話すので、相談しやすい。私にとって自分の父親と同じ年ごろのキナット・シャーは上司としても頼りがいがあり、仕事や文化についてよく質問していた。

「日本ではそうかもしれないが、ここはパキスタンだ。パキスタンのやり方があるんだ」と諭《さと》すように教えてくれた。

掃除のスタッフは三人いた。しかし時々、勤務中に消えてしまうスタッフがいた。

「はて、仕事を始めるときには三人いたのに、どこに行ったんだろう？」

不思議に思ったのでキナット・シャーに確認すると、彼もいなくなった掃除スタッフを捜《さが》し始めた。数時間後、何食わぬ顔でそのスタッフが戻ってきた。不在の理由を質《ただ》しても「ずっと掃除をしていた」と言う。他のスタッフも彼を庇《かば》うように「確かにいた」と弁護する。

「さっきは、誰も知らないと言ってたじゃないすか！」

キナット・シャーに理由を問うても、何やら言いにくそうな表情をしている。

「キナットさん、何か隠しているんじゃないっすか？　我々は共に働く仲間でしょ？　嘘《うそ》や隠し事《ごと》はしないでくださいよ！」と問い詰めると、ようやく本当の話をしてくれた。

いなくなったスタッフは、何と街で買い物をしていたのだという。私が「それは職場放棄《ほうき》じゃないですか？」と問い詰めると、キナット・シャーは悲しそうな表情をして話を続けた。

「ミスター・ダイ。パキスタンやアフガニスタンでは食事の買い出しをするのは男の役目なのだ。女性が外に出歩くという習慣がないのだよ。もし外出するときは、必ず男性が付き添うんだ。

実は彼の奥さんはいま病気で床《とこ》に伏《ふ》せている。今、家族の食材を買いに出かけられるのは彼しかいないんだ。それで、仕事の合間《あいま》に抜け出していたという訳《わけ》なんだ。さっき、彼の家を訪問して説明を受けたんだ。本当に病気だったよ。これは嘘じゃない」

「彼の奥さんが病気で大変なのは分かったけど、何も言わないでいなくなるのは許されないことでしょ？　それなら事前に言うべきだ。もしこれを許してしまったら、また黙って職場を抜け出してしまう。そしたら、誰が彼の代わりに掃除をするんです？　それに、他のスタッフも真似《まね》し始めたら困るっしょ？」

私は、わざと意地悪《いじわる》な質問をした。キナット・シャーは何度もため息をつきながら、

「……ミスター・ダイ。君は正しい。その通りだ。彼には、仕事を抜けるときには事前に言うように厳しく伝えるから許してくれないか？」と言って、一緒に中庭へ行こうと促《うなが》す。

病棟ではお昼どきになると、患者や病院スタッフにお茶が配られるのが習わしだった。キナット・シャーと中庭の芝生《しばふ》に座ってお茶を飲む。気持ちが落ち着いたところを見計《みはか》らって、キナット・シャーが話を続けた。

「彼の気持ちも考えてやってくれ。彼は貧しい暮らしをずっと続けている。休むと賃金が減り、生活が苦しくなる。そんな彼が休ませてくれと言えるだろうか？　黙って済ませようとする彼の気持ちも分かってやってくれないか？」

私は、キナット・シャーの懇願《こんがん》と規律との狭間《はざま》で考えた。

出来ることなら見て見ぬふりをしてあげたかった。だが、知ってしまったからには看過《かんか》はできない。ここで私が甘い顔をすると嘗《な》められてしまうし、他のスタッフにも示しがつかない。あれこれと考える私をキナット・シャーは優しい表情で眺《なが》めている。

――中村医師だったらどうするだろうか。

この国にはこの国の生活や文化がある。日本では無断で仕事を抜け出すことは悪いことであり、何らかの罰《ばつ》があるかもしれない。私は悩んだ挙《あ》げ句《く》、

「分かった。そういう理由があるなら、これ以上責任は問わないよ。でも次からは事前にちゃんと言って欲しい」

と再度伝えてこの一件を終わらせた。キナット・シャーは嬉しそうに握手を求め、「理解してくれて感謝するよ」と言った。

ただ正直な話、それでも私の心は晴れなかった。「あれで良かったのだろうか？」というモヤモヤはずっと続いた。答えは分からない。もちろん共に働くスタッフとは仲良くしたい。嫌われたくない。しかし、日本人がここで働く意義は何なのか、厳しくしたほうが良いのか、目をつぶったほうが良いのか――。いつも自分の言動を振り返って、「日本の常識だけで考えてはいないだろうか？」と自問自答する日々だった。

良い悪いを裁くのは簡単だ。

中村医師が私たち日本人ワーカーに厳しく伝えていたのは、「我々はいつか去る身。彼らの文化や風習を尊重しなさい」ということだった。

だが不思議なもので、この一件から掃除スタッフとは打ち解けて仕事がしやすくなった。彼らには彼ら独自の価値観がある。異文化で働くことを通して、日本の定規《じょうぎ》で計ろうとせず、急がずに時間をかけて彼らと共に生活する中ですり合わせていった方が良いと考えを改める切っ掛けになった。同時に、日本の理屈で裁《さば》くことの限界と、情をもって接することの大切さも身に沁《し》みた。

さて、病院での仕事で大変だったのは「車両セクション」だ。数台の車両の配車と数名のドライバーの管理責任者として、患者やスタッフの送迎《そうげい》などをスムーズに手配し、病棟の食糧の買い出しや、急なリクエストにも応えなければならない。一つの用件のために出す車両もあれば、複数の用件を一台の車両でシェアさせるなど、スタッフと日ごろからコミュニケーションを取っておかないと揉《も》めるので、何かと気を遣《つか》った。優先順位をすぐに理解して、少ない車両をやりくりしていかなければならない。

日本とアフガニスタンを行き来する日本人ワーカーの送迎や、アフガニスタンの用水路建設現場からも注文が来る。例えば用水路の建設に使う重機《じゅうき》が故障した際、必要な交換パーツがアフガニスタンで手に入らない場合は、パキスタンの首都であるイスラマバードまで探しに行く。片道三時間以上かけてバイパスを爆走して移動するのは、乗っているだけでもしんどい。日本と違って気温四〇℃を超える乾燥地帯である。窓を開けると熱風が吹き付け、体の水分を奪われてしまうので、暑くても窓を閉めた方がマシだった（ただしこのようなケースは稀《まれ》で、基本的には病院の敷地内での業務が多かった）。

なお現地にはチョキダールという名前の役職があり、雑用も含め、いろんな場面で日常的に助けてもらっていた。英語だとGuard《ガード》、日本語では「守衛《しゅえい》」という意味だが、いろんな仕事をまとめて引き受けてくれる。昔の「お手伝いさん」というニュアンスが近いかもしれない。

日本人宿舎専属のチョキダールもいた。住み込みで宿舎の掃除や護衛や買い物など何でもこなしてくれる、大変貴重な存在だった。休日などには茶飲み相手になってもらったり、一緒に食事したりもした。

猛暑の洗礼

さて、いよいよ我々日本人ワーカーのアフガニスタンでの食生活を紹介していこう。

アフガニスタン側ではパキスタンと隣接する東部ナンガラハル州の州都ジャララバードに一〇人前後いて、日本人宿舎と事務所に寝《ね》泊《と》まりしていた（中村医師もここを拠点にしていた）。用水路の建設現場からほど近いクナール州のダラエヌール渓谷《けいこく》にある診療所にも五人前後の日本人が駐在《ちゅうざい》し、診療所や試験農場で働いていた。

人数は一定しておらず、中村医師が各現場の人員配置を采配《さいはい》していた。必要に応じてセクションが代わることもあり、流動的だった。

中村医師が日本人ワーカーについて記した文章がある。非常に印象深いので、少し長いが引用する。

現地に赴《おもむ》いたワーカーたちは、様々な動機でやってきました。青年らしく志《こころざし》を高くして何かを遂《と》げることに情熱を傾ける者、日本で満たされず「青い鳥」を求めて来る者、若い日の思い出作りで参加した者、日本社会になじめない者、半《なか》ば興味本位としか思えない者、「国際援助」の美名《びめい》に惹《ひ》かれる者、本当に様々でした。

でも、私は動機を問わないことにしていました。誰がどんな良い働きをするか、やってみないことには分からないからです。また、いわゆる「使える、使えない」という能力そのものだけを評価することもありませんでした。その人が、いかに誠実に任務と関わり、自分の先入《せんにゅう》観を克服していかに虚心《きょしん》になりうるか、日本人としてのまごころと心《こころ》意《い》気《き》、素朴《そぼく》な人情を買ったのです。

(『丸腰のボランティア』中村哲編、ペシャワール会日本人ワーカー著/石風社より)

私がワーカーとして初めて与えられた仕事は用水路の護岸《ごがん》・砂防《さぼう》用の植樹と水遣《みずや》りだった。

アフガニスタンの夏はとてつもなく暑く、五〇度を超える日もある。乾燥地帯なので、日陰《ひかげ》に隠れれば暑さを凌《しの》げるが、直射日光を浴びると身体《からだ》から水分が失われてふらふらする。特に用水路の建設現場は荒れ地や沙漠で、木々や建物も少ない。

ある時、二〇キロ以上ある土嚢袋《どのうぶくろ》を担《かつ》いでいると、軽い目眩《めまい》に襲《おそ》われた。普段なら二〇キロくらいの荷物は簡単に担《かつ》げるのだが、妙に身体が重く、力が入らない。動作もノロノロ、視界まで暗くなってきた。

「……こりゃ、一体どういうことだ？」

一旦《いったん》、袋を下ろして深呼吸する。同じ現場にいた日本人ワーカーが私の異変に気づいて声を掛けてくれた。

「脱水《だっすい》症状みたいですね。力が入らないでしょう？」

彼はペシャワールの基地病院で医療スタッフの手伝いをした経験があった。

「これが脱水症状というやつかぁ、初めてだよ」

「すぐに水を飲んでください。それから塩と牛乳も」

「え、牛乳？」

脱水症状といえばまず水と塩分。ここまでは分かるが、何故牛乳なのだろうか？

「水分と塩分だけでなく、カルシウムなどの栄養分も汗と一緒に出てしまっているんです。だから牛乳を飲むと良いんですよ」

そう言えば、インドやパキスタンではよくチャイ（ミルク・ティー）を飲む。ただしアフガニスタンではチャイはミルク・ティーではなく「カワ（緑）・チャイ」という、牛乳を入れないお茶だ。牛乳は牛乳として飲むようである。

アフガン料理

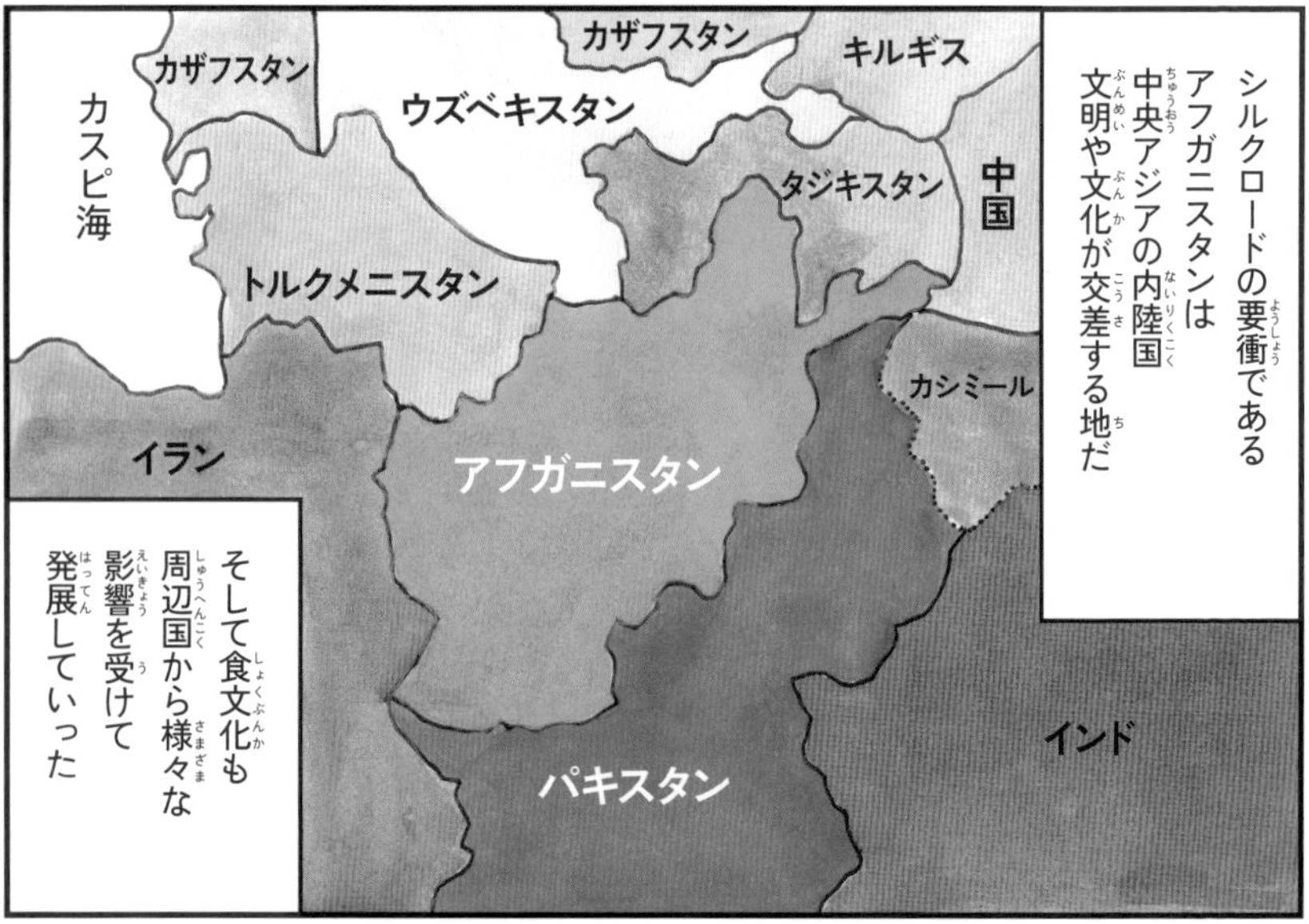

シルクロードの要衝《ようしょう》である
アフガニスタンは
中央《ちゅうおう》アジアの内陸国《ないりくこく》
文明《ぶんめい》や文化《ぶんか》が交差《こうさ》する地《ち》だ

そして食文化《しょくぶんか》も
周辺国《しゅうへんこく》から様々《さまざま》な
影響《えいきょう》を受《う》けて
発展《はってん》していった

ナン…小麦粉《こむぎこ》で捏《こ》ねて発酵《はっこう》させタンドーリの窯《かま》で焼《や》いたパン。所《ところ》によって形《かたち》が違《ちが》う

肉料理…煮込《にこ》みスープや串焼《くしや》きケバブなどトルコの影響《えいきょう》を受《う》けた

ライス…パロウ(パラウまたはビリヤニ)と呼《よ》びウズベキスタンのポロから影響《えいきょう》を受《う》けた米料理《こめりょうり》。長粒米《ちょうりゅうまい》でトマトを炊《た》き込《こ》んだもの。インドやパキスタンにもある

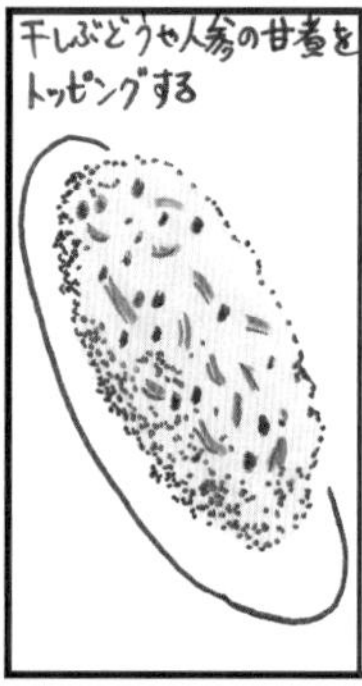

日本から持ち込んだ食材

中村哲《なかむらてつ》医師《いし》と現地《げんち》組織《そしき》の
PMS《ピーエムエス》(平和医療《ピースメディカル》サービス)は
パキスタンのペシャワールと
アフガニスタンのジャララバードの
二大都市《にだいとし》の近辺《きんぺん》で活動《かつどう》していた

日本《にほん》から赴任《ふにん》した
ワーカーは
まずペシャワールを
訪問《ほうもん》するのが
通例《つうれい》だった

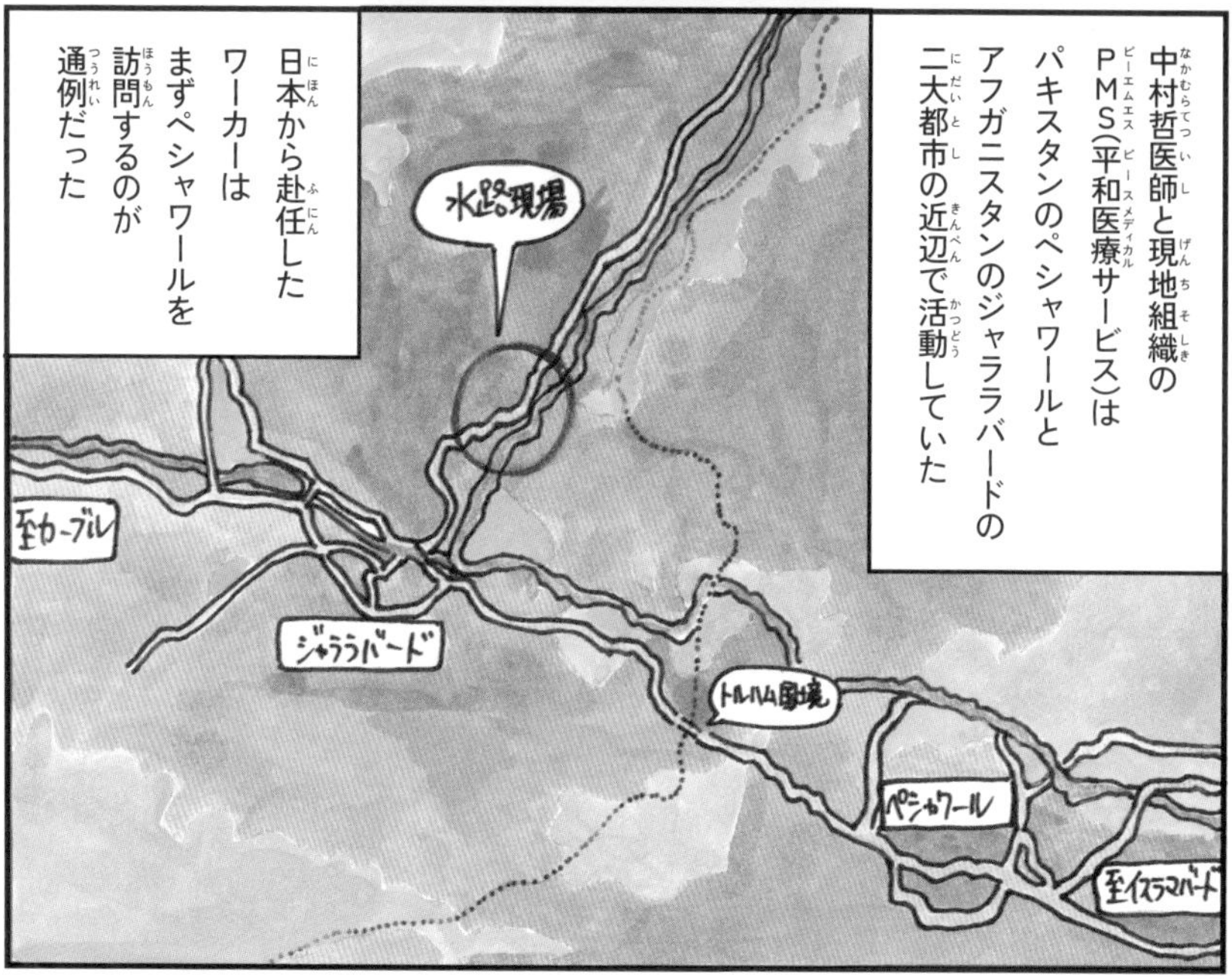

和食を作るのに必要な調味料や干物

かつお出汁 細粒

かつお節だとかさばるので
細粒タイプが重宝した

干しこんぶ

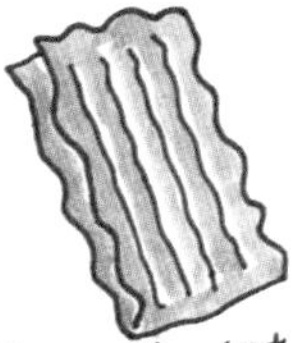

出汁をとった後は、佃煮に
して食べる。

煮干し

主に汁の出汁に
使う

干し推茸

出汁をとった後は、佃煮に
して食べたり、チャーハンに
入れて使う

干しはるさめ

サラダや汁ものに使う

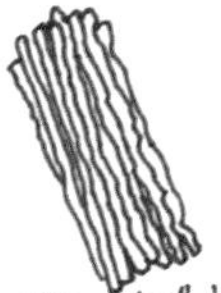

干しかんぴょう
甘辛く煮て、巻き寿司に使う

カレーのルウ

様々な種類のルウを使ったが
甘口が好評だった

日本人宿舎のまかない事情

ジャララバードの宿舎（スタッフハウス）では交替制で〝まかない料理〟も作った。

ちなみに私たちが作るのは夕食のみで、朝と昼は現地人スタッフが用意してくれた食事を各現場でとる。用水路の建設現場にも炊事場があり、住み込みで働く現地スタッフのために料理を作るスタッフがいた。事務所や診療所にも専属のコックがいて献立《こんだて》に従って作ってくれるのだが、それぞれ微妙に味が違っていて、食べ比べたりもした。

日本人ワーカーの中には、アフガニスタンの料理が好きになって三食すべてが現地食という者がいた一方、今まで一度も包丁《ほうちょう》を触ったことがないという剛《ごう》の者もいた。調味料や出汁《だし》をまったく使わない、ガスの火力が足りなくてご飯がガチガチになる、といった悲劇まであった。

そんな彼らが作った料理だが、食べられないほど酷《ひど》い時でも、中村医師も含めて黙って食べるしかない。いよいよ誰も作れないときは、インスタントラーメンで済ますこともあったそうだが、むしろ皆喜んで食べたという。普段、インスタントラーメンは病人しか食べることが許されない貴重品だったのだ。

ある時、私が「料理なら多少経験はありますが……」と申し出ると、日本人ワーカーたちから歓声《かんせい》が上がった。

「本当ですか!?　いやー、嬉しいなぁ。助かります！」とはしゃぐのを見て、今までどんなものを食っていたのかと気の毒なほどだった。

＊まかないレシピ①　牛挽き肉の炒飯《チャーハン》

さて、冷蔵庫を開けて食材や調味料をひと通り確認し、すぐに出来る料理を考えた。

市中の電気は停電してばかりで日本のように二四時間電気が通っているわけではない。宿舎にはガソリンで動かす発電機があり、停電したときに稼働《かどう》させる。しかし、稼働するのは日本人が宿舎にいるときのみで、仕事で出かけている間は冷蔵庫のなかは冷えない。気休め程度に冷やすだけだ。

先に書いた出汁《だし》などの調味料は現地で手に入らないので、日本から誰か来るときに一緒に持参する。ジャララバードの宿舎では一〇人以上のまかない料理を作るので、一人暮らしの自炊のような訳《わけ》にはいかない。まかないの希望者からは毎月のワーカー手当《てあて》（生活費など）から食費を徴収《ちょうしゅう》していた。なかには自炊するワーカーもいた。

調理の当番は、食費の管理役から必要な金額だけをもらい、アフガニスタン人スタッフに買い物を頼む。日本人宿舎の守衛《チョキダール》兼ハウスキーパーをしてくれていた〝ママジャン〟というおじさんは多少英語が話せるので彼に頼むことが多かったが、日本のようにコンビニやスーパーマーケットはないので、バザールで買ってきてもらうしかない。

例えば牛肉が欲しいときは肉屋の屋台があり、朝屠《ほふ》ったものが鉤《かぎ》に吊《つる》され、量り売りされている。蠅《はえ》がたかるのが多少気になったが、慣れたら気にならなくなった。手動ミルで挽《ひ》き肉にしてもらうこともできるが、手間がかかるので少し割高だ。

他は鶏肉や羊肉だが、現地では高嶺《たかね》の花だ。特に羊は年に一度の断食月《だんじきづき》（ラマダーン）明けのイード祭などでたくさん消費されるが、毎日は食べられない。地域にもよるが、遊牧民が多いところでは多少安いらしい。イスラム圏の国であるから当然、豚肉は禁忌《タブー》。しかもアフガニスタンは隣国イランと並んでイスラム教の戒律《かいりつ》が厳格で保守的な地域と言われている。ジャララバードのような大都市では牛肉のほうが安上がりなのである。

野菜は基本的にキノコ類以外のものはだいたい手に入るので（アフガニスタンではキノコ類はあっても乾物の状態で、生で売られているのを見たことがない）、随分と助かった。果物は特に豊富で、季節ごとの芳醇《ほうじゅん》な香りを放つ果物の豊かさには圧倒された。

さて――。

まず、本来の当番のワーカーが準備していた献立《こんだて》はご飯、戻しわかめの味噌汁、卵焼きとのこと。別にそのままでいいのではと思ったが、昨日も同じで飽《あ》きたという。あらかじめ考えた献立表のようなものはなく、その人が出来る料理を提供するというルールらしい。唯一決まっている献立は金曜日のカレーらしく、金曜日の当番になった人は何も考えなくて良いので楽なのだそうだ。

挨拶代わりにということで、今日は私が加勢することになった。

ガスボンベの火力が強く、すぐに炒《いた》め物が良いと考えた。よし、炒飯《チャーハン》を作ろう。

＊

我々が毎日食べていた米はジャポニカ種で短粒米《たんりゅうまい》だった。パキスタン産の短粒米を、ペシャワールの基地病院からいつも送ってもらっていたのだ。少し水を多めにして炊けば、日本で食べる米に近くなるので、随分お世話になった。少しパサつく具合が炒飯に最適で香りも良い。油との相性も良く、な

牛挽き肉の炒飯

具材　（約10人分）

白米(ジャポニカ種)
7〜8合

タマネギ
4玉

人参
4本

長ネギ
4本

玉子
6玉

牛挽肉
200グラム

調味料

OLIVE OIL
SOLT
かつお細粒

醤油
大さじ2杯

オリーブ油
適量

塩
大さじ1杯

かつお出汁細粒
適量

ごま油
少々

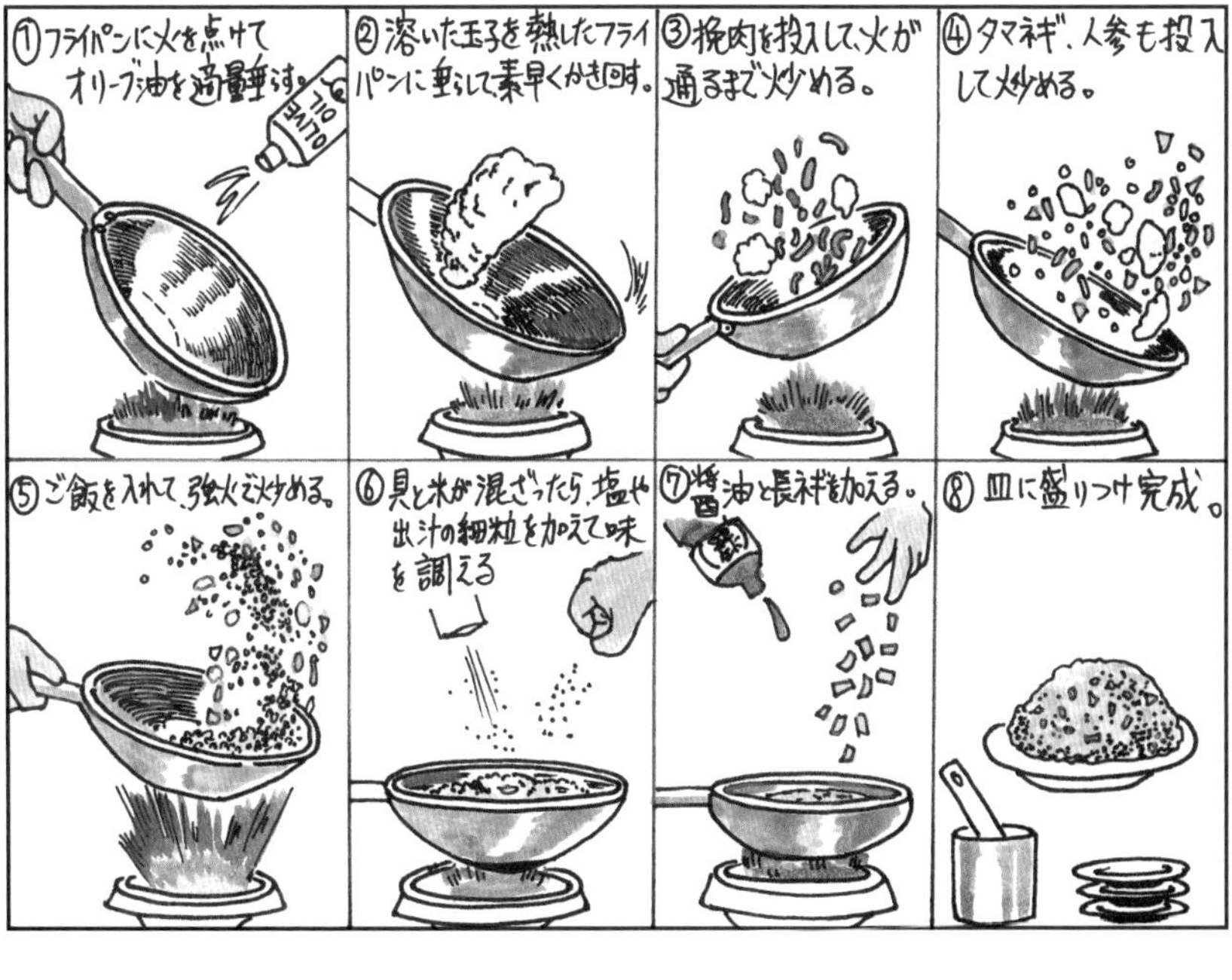
①フライパンに火を点けて
オリーブ油を適量垂らす。
OLIVE OIL
②溶いた玉子を熱したフライパンに垂らして素早くかき回す。
③挽肉を投入して、火が通るまで炒める。
④タマネギ、人参も投入して炒める。
⑤ご飯を入れて、強火で炒める。
⑥具と米が混ざったら、塩や出汁の細粒を加えて味を調える
⑦醤油と長ネギを加える。
⑧皿に盛りつけ完成。

かなかに好評だった。

「おぉー！」「味がする！」と日本人ワーカーは競って食べてくれた。

「味がする」とはどういう意味かと訊《き》くと、塩を入れるのを忘れることすら度々《たびたび》で、テーブルに置いてある塩で各自が調節しているらしい。

「中村先生もお代わりしましたね。珍しいことですよ！」と褒《ほ》めてもらったが、今まで一体どんなものを食っていたのだろうか？

調理の様子を見ていたワーカーが言っていたが、出汁《だし》の素《もと》を入れたのが驚きだったようだ。他の日本人ワーカーも「これなら誰でも作れるぞ！」と喜んでくれた。

＊まかないレシピ② 国境を行き交《か》う白菜漬《づ》け

日本人ワーカーの年齢は様々で、二〇歳を超えたばかりの若者や、私のように三〇過ぎの世代、さらには六〇代のシニア・ワーカーもいた。勤続生活を終えて第二の人生をアフガニスタンに投じた人たちである。

鬼木《おにき》稔《みのる》さんは中村医師と同じく福岡登高《とこう》会に所属していた方で、若いころは世界中の山々へアタックした経験をお持ちだった。飄々《ひょうひょう》としたユーモアがあり、用水路の建設現場ではボルサリーノの帽子を被《かぶ》っていた。日本人ワーカーのなかでも最長老格で、日本人はもとより、現場で共に働くアフガニスタン人のスタッフやレイバー（土木作業員）にも慕《した》われる存在だった。中村医師の現場での良き相談役でもあった。

ある日、そんな鬼木さんが思い詰めたような顔をして私に話しかけてきた。

「大《だい》さん、ちょっと相談があるんやけどいいかね？」

いつになく真剣な顔をしていたので、何事かとこちらも真剣な顔つきになった。

「僕はあんまり贅沢《ぜいたく》を言わんけど、一つだけお願いがあるんよ。白菜の漬物《つけもの》ば作ってくれんね？」

「白菜、ですか。しかし肝心《かんじん》の白菜がバザールには……」

真剣な顔つきだったからこちらも身構《みがま》えたが、拍子《ひょうし》抜けした。しかし漬物を食べたいという気持ちは、同じ日本人としてよく分かる。アフガニスタンの料理は油やスパイスを多く使うので、淡泊《たんぱく》な和食と違って毎日食べるのはきつい。ましてお歳《とし》を召《め》した方が胸焼けするのは無理もない。

実は私もこれまで白菜を探していたのだが、アフガニスタンでは白菜を食べないのか、説明しても誰も知らないようだった。

「大さん、問題はそこよ！　ジャララバードのバザールに白菜が出回っとらんのは僕も知っとる。残念ばってんが、あんたがいくら探しても見つからん。ないもんはないったい。ばってん、僕は白菜があるとこば知っとるんよ」

ニヤリと笑う鬼木さん。

「むふふ……パキスタンのペシャワールで売っとるのを見たんよ」

「え!?」

朗報《ろうほう》である。これから寒くなる季節だから、タイミングとしてもドンピシャではないか。

アフガニスタンの事務所とパキスタン・ペシャワールの基地病院は定期的に電話連絡をしている。その時に、必要な物資などをリクエストする。その機会を逃さず、基地病院にいる日本人ワーカーに白菜のことを尋ねてみた。その結果、冬場になると本当にバザールで売っているという。すぐに白菜を手に入れて送ってくれとお願いすると、快く引き受けてくれた。ただし、条件があった。

「漬物ができたら、こちらにも送るように！」

つまり白菜は一度アフガニスタンに来て漬物にされる。そして再びパキスタン側にその漬物を送り返せということだ。

後日、この白菜は旅行者用のアタッシュケースに入れられて、本当に国境を越えてきた。

白菜の漬物を作る際に必要なのは「漬物石《つけものいし》」だ。届いた白菜を半分にして宿舎の庭に日干しにしながら、重しになるものはないかと探していると、中村医師がタバコをくわえて和やかに声をかけてきた。

「鬼木さんから聞いたばい。白菜の漬物ば作りようとね？　現場から漬物石ば取ってこさせようかね」

「本当ですか⁉　でも、手ごろな石がありますか？」

「よかよか、誰かに探して持ってこさせよう」

日本人ワーカーも中村医師も結構期待しているな。

＊

約一週間後、白菜の漬物は無事完成した。

さっそく味見をしてみた。程よくシャキシャキとした堅《かた》さを残して、葉はしんなりしている。熱々《あつあつ》ご飯と一緒にかき込むとさぞかし旨《うま》いだろう。

その日の夕食のテーブルに白菜の漬物を並べるやいなや、予想通り歓声が上がった。鬼木さんも嬉しそうに頬張《ほおば》っている。

「大さん、これよ！　僕が食いたかったんは！　白米と味噌汁、そして白菜漬けがあれば、どんなと

白菜の漬物

具材　（約10人分）

白菜（小ぶり）
8～10玉

芯に切れ目を入れる 1/4カット

干し昆布
（短冊切り）
少々

鷹の爪
少々

オレンジの皮（柚の代用）
スライス 適量

塩（1玉につき900g）

道具

プラスチックの桶

板

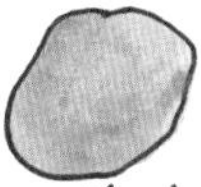

石（重し）

①白菜を1/4カットして2日間ほど日干しして、水気を減らす。天日に当てると甘くなる。

②大きな桶か、深さのあるプラスチック容器を熱湯で煮沸して殺菌する。

③芯と葉の間にも塩をすり込む。昆布もはさむ。

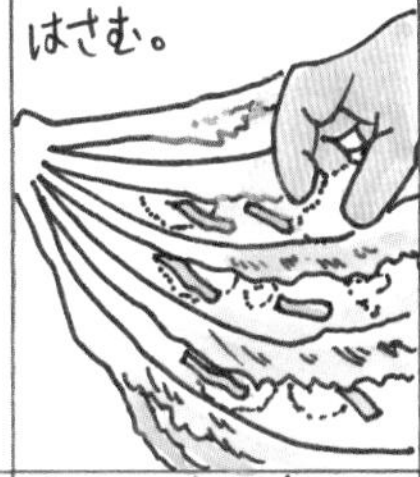

④4分の1カットした白菜を敷く。なるべく均等に重力が掛かるように揃える。

⑤1段目が終ったら塩と昆布とオレンジの皮を適量加える。※鷹の爪はお好み。

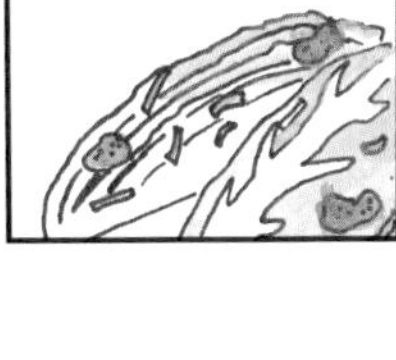

⑥同様に白菜を重ねては塩・昆布・オレンジの皮を加えるのを繰り返す。

⑦板を一番上に乗せて、石を置き、4日くらいで白菜の水気が抜けて、ヒタヒタに浸る位になったら食べ頃。

⑧水気を絞って食べやすいサイズに切る。残りはビニールに分けて保存する。

ころでもやっていけるね！」

若い日本人ワーカーもバリバリ齧《かじ》りながらご飯をかき込む。白菜漬けに箸《はし》が集まる。「くぅー、うめぇ！」「よくぞ、日本人に生まれけり！」などと言ってはしゃいでいる。やり甲斐を実感できる瞬間だ。心から幸せそうに食べる人の顔を見るのは何より嬉しい。

ソウルフードと言うと大袈裟《おおげさ》だが、改めて日本人にとって和食は大切なもので、過酷な環境で生活する者にとって必要不可欠なのだと思い知らされた。胃袋を満たすだけではない、もっと精神に関わる「何か」なのだ。

「お、漬物ができたん？」

中村医師も嬉しそうな顔をして食堂に降りてこられた。

「アフガンで白菜の漬物が食えるげな、嬉しかねぇ」

中村医師もほくほく顔で食べてくれた。この御方《おかた》に少しでも喜んでもらえるならば、労は惜《お》しまぬ。そんな気持ちになった。まさに料理人冥利《みょうり》に尽きる。

＊まかないレシピ③　牛挽《ひ》き肉で豚汁もどき

用水路建設現場の側《そば》を流れる、クナール河という大河《たいが》がある。このクナール河からアーベ・マルワリード用水路（「アーベ」は「水」、「マルワリード」は「真珠」の意）へ水を引く。特に工事が忙しいのは冬の時期。猛烈な暴れ川として知られるクナール河の水位が下がる時期だからだ。増水期に入ってしまったら膨大《ぼうだい》な水量が押し寄せるので、取水堰《しゅすいぜき》や取水口《こう》の建設など、河川に入っての工事はできな

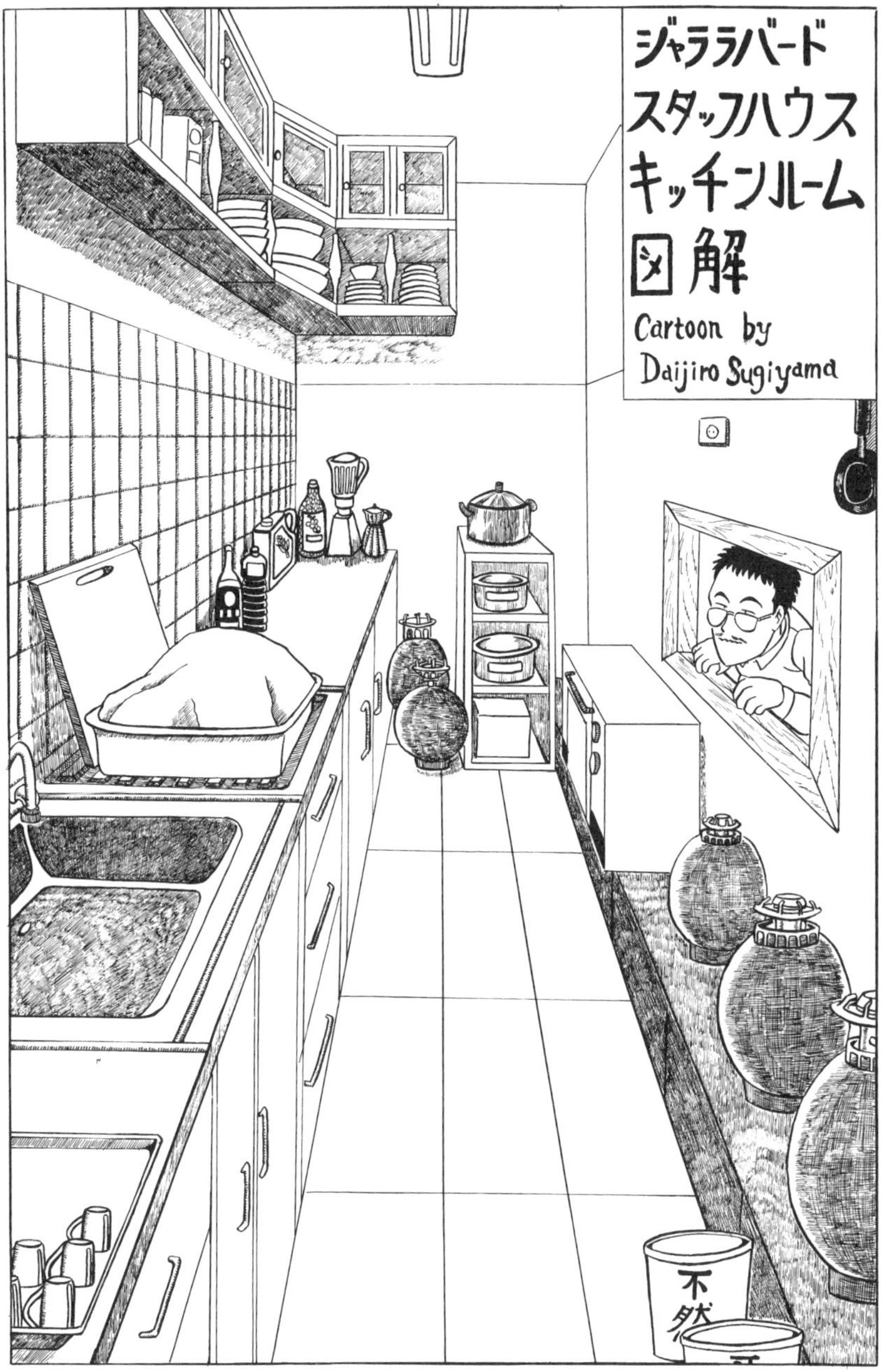
ジャララバード
スタッフハウス
キッチンルーム
図解
Cartoon by
Daijiro Sugiyama
不然

いのである。

水位が高くなるのは雪解《ど》け水が川に注ぎ始める春先から夏にかけてだ。特に夏期は水量が多く決壊《けっかい》や漏水《ろうすい》が増えるため、補修工事などが多くなる。

そういう訳で、用水路建設現場では年中何かの仕事をしていることになる。

中村医師は冬期の突貫《とっかん》工事の忙しさを表現するときによく「今年の冬《ふゆ》将軍は……」という言葉を使っていた。現地スタッフ（アフガニスタン人）も日本人ワーカーも、朝から夕方近くまで現場で働き、疲労困憊《こんぱい》で帰ってくる。

現場から帰ってくると、シャワーを浴びる前に夕食の準備を始める。食後は中村医師との会議が毎晩のように行われるので、急いで食事を用意しなければならないのだ。

話は逸《そ》れるが、日本人宿舎には守衛兼ハウスキーパーのようなスタッフが駐在していた。先にも紹介した、〝ママジャン〟と呼ばれる六〇歳近いおじさんである。彼は中村医師の服の洗濯や部屋の掃除まで任された古参スタッフで、しかも私たちの宿舎は彼の家の一部を借りているので宿舎のオーナーでもあった。

我々日本人ワーカーにとって、彼は生活に関わるリクエストをすべて引き受けてくれる「寮母《りょうぼ》さん」のような存在だった。呼び名はママジャンというが、本名は別にある。「ママ」は「おじさん」、「ジャン」は「〜ちゃん」という意味で少々ややこしいのだが、この愛称で呼ばれていた。

新人の日本人ワーカーは、アフガニスタンに来た当初は誰も現地のパシュトゥ語やダリ語（ペルシャ語のアフガニスタン方言とされる）を話せないので、英語を話せるママジャンは貴重な存在だった。

ママジャンはいつも米袋の中に混じっている小石やゴミを根気強く取りのぞき、人数分の米を量《はか》っ

豚汁もどき

具材　（約10人分）

牛挽肉　1kg
にんにく（すりおろし）　100g
乾燥ごぼう
人参　5本
タマネギ　5本
ジャガイモ　1kg
生姜（すりおろし）　100g

味噌パック　※特に指定はない
かつお出汁細粒　適量
煮干し　5〜6本
豆板醤 or 柚胡椒
豚骨スープの粉末　鳥ガラスープでも可

①煮干しを水の入った鍋に入れて沸騰させる。

②堅い野菜（ジャガイモ、人参）を薄く切り、火が通りやすいように切る。

③別のフライパンで牛挽肉を炒める塩胡椒、豆板醤、生姜、ニンニクと炒めて味を調える。

※・ゴボウは先に水で柔らかくしておく

④鍋に炒めた牛挽肉を混ぜて沸騰させ、灰汁《あく》を小まめに取る。

⑤好みに合わせて、豚骨スープの素を入れる。（鳥ガラでも可）

⑥火を止めて、味噌を溶けば出来上がり。

て研《と》いでくれる。そして食材のリクエストを聞き、次の日の夕食時までにバザールへ買い出しに行ってきてくれる。

日本人ワーカーは皆忙しいので当番によらず、手が空《あ》いている者が料理を作ることも多かった。私も手が空いていたら積極的に当番を代わった。ママジャンが買ってきてくれた食材を見て、何を作るか即座に考えなければならない。献立さえ決めればあとは楽なのだが、誰も思いつかない。改めて毎日三食の献立を考え、その他の家事までこなさねばならない主婦は大変だと思う。

いっそ何か食べたいものを言ってくれた方が楽なのだが、中村医師を始め日本人ワーカーたちからのリクエストはない。出された料理を文句も言わず食べてくれるのはありがたいが、ちと張り合いがないのも確かだった。

冬期の用水路建設現場の気温は低く、手が悴《かじか》んで辛い。夢中になって作業していると寒さを感じないが、手はアカギレて、皮が破れてボロボロになる。仕事帰りの車のなかではシャツに付着した汗が冷えて、砂やセメントの粉が固まってさらに肌を傷つける。着ている服は湿気を帯《お》びて濡《ぬ》れ雑巾《ぞうきん》のように重く感じる。次の日に疲労を残さないように、何か栄養のある献立はないかと考える。

体を温めるのに適した食材で思いつくのが生姜《しょうが》とニンニクだ。それに温かいスープがあれば、体がほかほか温まり疲労も吹き飛ぶだろう。そこで考えついたのが豚汁《ぶたじる》だ。だがここはイスラムの国アフガニスタン。豚肉はタブーなので、豚肉以外の代用品で済ませるしかない。

*

「あー、温まるぅ！」「（冷えた）歯が痛い！　でも旨《うま》いよー！」

寒い季節には生姜やニンニクのたくさん入った汁物が一番効く。

現場で働く日本人ワーカーの中には、作業に夢中になって、屈《かが》むときに背中が出ても気がつかない者もいた。集中しているので寒さも感じないのだろう。自分はあそこまで集中することが出来るだろうか？　若い世代のワーカーの躍動《やくどう》ぶりが羨《うらや》ましくもあった。

福岡出身の本田潤一郎《じゅんいちろう》さんは眼鏡が曇《くも》るのも気にせずに豚汁を一気にかき込んで満足げに微笑《ほほえ》む。よく見たら眼鏡は曇っているのではなく、セメントの粉がへばりついていたのだった。

「大さん、うまいっす。おかわりしてもいいですか？」

「もちろん。たくさん作ったからどんどん食べてね」

彼らの埃《ほこり》まみれの姿を見ながら、もっと旨《うま》いものを作ってあげたいと思った。

＊まかないレシピ④　鯉《こい》の南蛮《なんばん》漬《づ》け

日本人宿舎があるジャララバードはアフガニスタン東部ナンガラハル州の州都だ。同州はパキスタンと国境を接していて、パシュトゥン民族が国境を跨《また》いで暮らしている。

このジャララバードの北西にダロンタという地があり、広大な人工ダム湖がある。ここにはジャララバードの街に電力を供給する水力発電所があり、観光地としても市民に愛されている。我々日本人ワーカーもこのダム湖に釣りやピクニックに行った。海がないアフガニスタンの人々は、水辺に行くだけで心が浮き立つようである。

このダム湖に来る理由は他にもあった。ジャララバードのバザールではなかなか手に入らない淡水《たんすい》魚《ぎょ》を売っているのだ。パキスタンや内陸国のアフガニスタンでは淡水魚を食べる習慣があり、ナマズや鯉《こい》の一種が売られていた。肉と比べても高く、なかなか庶民の口に入ることはないという。ひよこ豆を茹《ゆ》でたものを潰してスパイスを混ぜた衣《ころも》で揚《あ》げる調理法が主で、それ以外の食べ方はあまり聞かない。

ダロンタ湖で魚屋のおっさんに「この湖で獲《と》れた魚かい？」と訊《き》くと、「うんにゃ、パキスタンから輸入したんだぁ」と言う。ではダロンタ湖に魚はいないのかというとそういうわけではなく、大きくなる前に獲られてしまうので商売にならないのだそうだ。

さて、この魚を使ったメニューを考えて思いついたのが「南蛮漬《なんばんづ》け」である。休みの日に朝から車で出かけ、三〇センチを超す鯉《こい》を一〇尾《び》購入。宿舎に運び込み、鱗《うろこ》を取って三枚におろす。子供のころから釣った魚を自分でおろしていた経験が役に立った。ただ数が多いので三時間以上も台所で格闘した。

宿舎で働くアフガニスタン人スタッフが興味津々《しんしん》で厨房《ちゅうぼう》を覗《のぞ》きにくる。野良《のら》猫も匂《にお》いを嗅《か》ぎつけてやってくる。日本人ワーカーたちもそわそわしながら厨房前を行き交う。

＊

用水路建設の過酷な作業で疲れが蓄積している体にも酢《す》の物は良いはず。普段はドレッシング代わりに酢を使っていたが、南蛮漬けは数日持つし、食も進むと大好評だった。

「まさかアフガニスタンで南蛮漬けが食べられるとは!!」

鯉は淡泊《たんぱく》な白身で臭みがなく食べやすい。野菜をあまり食べたがらない若い世代にも、おいしく野菜を食べてもらうのに都合が良かった。

しかしアフガニスタン人スタッフには不評だった。

鯉の南蛮漬け

具材　（約10人分）

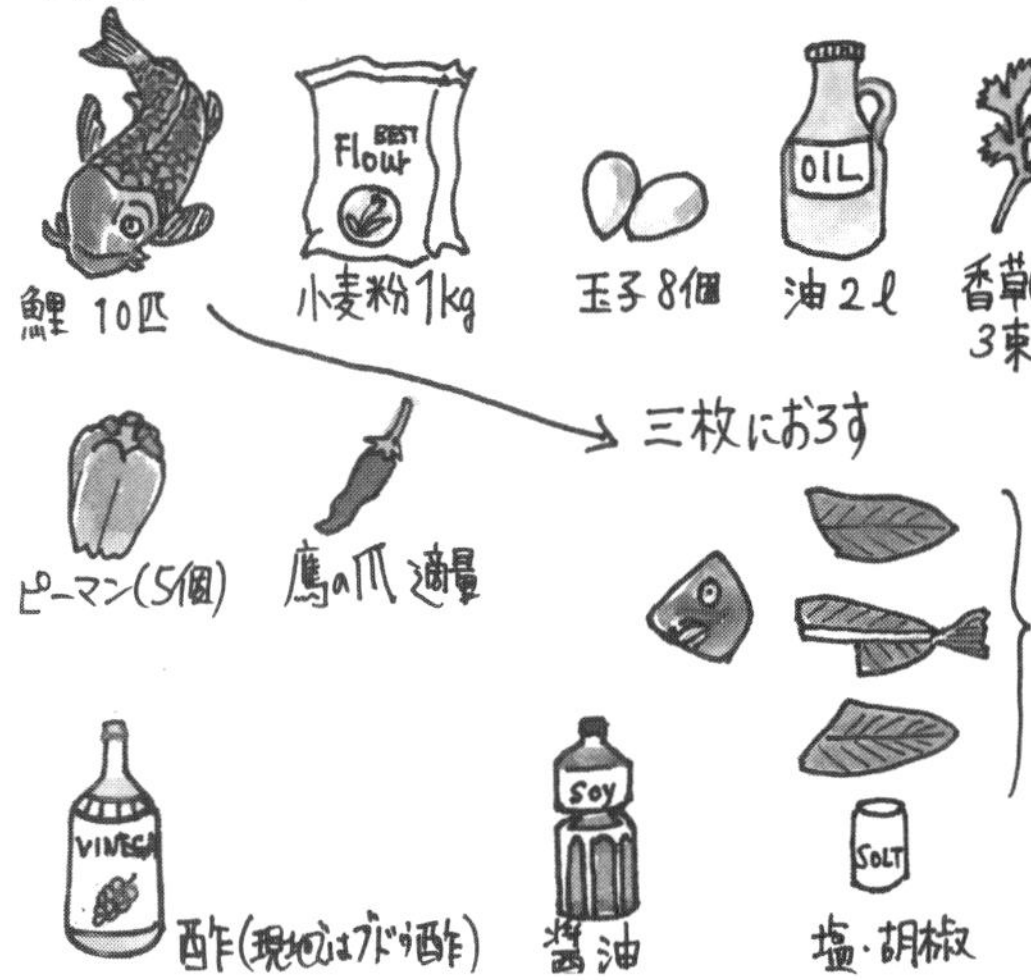

まず、うろこを包丁で削ぎ落として次に、頭やひれも切り落とす。身を背骨を軸にして包丁で切り分ける事を「三枚おろし」と云う。骨の付いた真ん中の部位はスープなどの出汁に使う。

① 皮を剥ぎ、キッチンペーパーで水気を抜いて、塩胡椒で味付けする。

② 天ぷらの衣を準備して、一口サイズに切った身を180℃の油で揚げる。

③ 揚げた魚の油をキッチンペーパーで吸い取らせて冷ます。

※・衣をカリカリにしたいなら、重曹を入れるとよい。

④ タッパー容器を用意して酢、醤油、塩胡椒で味を調える。

⑤ タマネギ、人参、ピーマンのスライスそして鷹の爪の輪切りを漬ける

⑥ すべてを混ぜ合わせ、一晩漬けたら食べ頃。
コリアンダーはお好みで使う。

「ただフライにしただけのほうが旨いぞ！　酢なんか入れてどうすんだ？」

日本人は世界中の料理を食べることに慣れているのでそんなに抵抗はないが、彼らの味覚は保守的で、食べたことがないものに対しては拒否反応を起こす。あとでタルタルソースを作ったら喜んで食べてくれた。

＊まかないレシピ⑤　出汁《だし》がらの佃煮《つくだに》

改めて日本食というものは、素材の良さを引き出す技法がとても洗練されていると思う。季節の旬《しゅん》の食材を生かして、できるだけ調味料を使わずに、しかし出汁《だし》など基本のうまみをしっかり合わせつつ、素材の苦みやえぐみを消さずに中和させて風味を楽しませる。

パキスタンはインドに近い食文化圏なので、スパイスを使う料理が多い。

アフガニスタンはスパイス文化に加え、トルコのケバブなどの串焼き文化、ウズベキスタンのプラウ（炊き込みご飯）など、文明の交差するシルクロードの要衝《ようしょう》ならではの多彩さで、食文化も百花繚乱《ひゃっかりょうらん》。

特筆すべきことは、とにかく油（脂）を多く使う点。煮込み料理でも鍋の表面に油の層が溜《た》まっているほど。この油は羊の乳を発酵《はっこう》させてつくる、ギーと呼ばれるバターのようなものだ。独特のすえた匂いがあり、敬遠する日本人も多い。現地食を毎日食べていると気にならなくなるが、日本へ帰国したときに服や体に染《し》みついたギーの乳臭い匂いに初めて気がつくことが多い。

若い世代の日本人ワーカーはほぼ毎日現地食を食べていたが、この油にはどうしても慣れないという者もいた。食事が合わなければ、仕事でも馬力が出ない。こればかりは努力しても仕方のないもので、現地での適性がなかったと言うほかないのかもしれない。年配のシニア・ワーカーはなおさらで、先に書いた鬼木さんのように決して大袈裟《おおげさ》な話ではないのだ。

食事というのは生命活動の源であり、パワー源である。長期の外国旅行をしたことがある方なら分かるかもしれないが、各国の食事を最初はおいしく食べていても、そのうち日本食や中華など食べ慣れたものを恋しく思った経験があるだろう。

中村医師らの活動を現地に行って見学しようという「スタディー・ツアー」が時々行われる。日本側の事務局員や日本各地のペシャワール会の会員などが集まり、活動の実状を直《じか》に見にくるのだ。

こちらも歓迎の準備をする。ツアーの方々が泊まる宿は、ジャララバードで唯一の外国人向けのホテルだ。

ツアーの参加者をパキスタンからアフガニスタンに陸路でお連れしたときのこと。トルハムの国境を越えるとアフガニスタンの平原が眼下に広がる。時期は四月。緑萌《も》え出《いづ》る季節である。

途中の茶屋で休憩しているとき、ツアーの女性が周辺に広がる花畑を見て感嘆《かんたん》した。

「中村先生からは大干《かん》ばつの水なし地獄と聞いていたので、きっと砂漠のようなところかと想像していたけれど、花も咲いていてとても平和な情景ね」

「ははは、そうですね……」

笑ってごまかしたのには理由がある。実はその花は乾燥にも強いケシの花で、どんな劣悪な環境でも育つので、換金作物としてこの地域の人々が栽培しているのだ。

この日はツアーの方々が現地で働く我々のためにホテルでの宴《うたげ》を企画してくださった。私にとっても外食は初めての経験であり、豪華なアフガニスタン料理に目をみはった。

チキンカライ（鳥鍋）、ケバブ、生サラダ、ビリヤニ（炊き込みご飯）、デザート……。

「どうぞ、日本人ワーカーの方々はたくさん食べて頑張ってくださいね」

なんというありがたいお言葉か！　まるでスタディー・ツアーの方々が命の恩人のように思えてきた。我々日本人ワーカーは飢《う》えた獣《けもの》のようにがっついた。

食事会も終わり、我々日本人ワーカーが宿舎へ帰ろうとすると、ツアーに同行していた事務局の福元さんが声をかけてきた。

「ちょっとお願いがあるんだが、今から宿舎に行っていいかな？」

宿舎に着くと福元さんは厨房に入り、「済まないが、今から米を炊いてくれないか？」と言う。

「実はスタディー・ツアーの参加者に、現地食が合わなくて体調を崩された方がいるんだよ。それで、薬よりも日本食が食べたいと仰《おっしゃ》ってね。何か簡単なものでいいから作ってあげようと」

やはり、食事の問題は切実である。

「じゃあ、これなんかどうです？」

私が冷蔵庫から出したのは、昆布とかつお節の佃煮《つくだに》だった。

出汁を取ったあとのものだが、捨てるのはもったいない。最後の最後まで調理して食べ尽くす。

福元さんは大喜びでおむすびを作った。福元さんの料理の腕前は玄人《くろうと》はだしだと福岡の本部事務局でも評判だ。二人でだし巻き卵も作り、その日のうちにホテルに届けたら、その方はたいそう喜んでくださった。

やはり日本人は油をあまり使わない、淡泊《たんぱく》な料理が合っているのだろう。改めて食事が人間の活動

出汁からの佃煮
具材
出汁を取った後のもの（昆布、かつお節、椎茸、何でも良い）
ザラメ（蜂蜜でも良い）
醤油
Soy
梅干し
ヒジキ（水で戻す）
①
フライパンに油を少し足して
出汁の残り物を弱火で炒める。
②
Soy
水分がなくなったら、醤油とザラメを入れて
焦げないように炊める。
③ 梅干しやヒジキがあれば入れて
冷蔵庫で保存する。
説明するまでもない、簡単な料理です。

に及ぼす影響について考えさせられた。

＊まかないレシピ⑥　ジャパニーズ・カレー

用水路建設の仕事が忙しくなり、いよいよ夕食を作るのが大変になる。

交替制だった夕食の当番も、現場で残業する日本人ワーカーが増えた結果夕食の時間も遅くなるようになり、食後のミーティング（中村医師を交えて毎日一～二時間ある）も押してきた。私も早く帰ってきたらなるべく支度《したく》を手伝うようにしていたが、最後には私が毎食作るようになり、それが当たり前のようになってしまった。

料理自体はそんなに苦痛ではないが、献立だけでも考えて欲しいと相談してみたところ、「何でもいいっす！」で終わり。毎日同じでも良いという者までいる始末。これでは逆に張り合いがない。

困り果てていると、日本人ワーカーのなかでも物静かな近藤真一《しんいち》さんが提案してくれた。

「金曜日の夕食はカレーにしてますが、他の日にも作ってはどうでしょう？　カレーだったら簡単ですし、人気があるから、他の日でも皆喜ぶと思いますよ」

「おお、それはいい！」

こうして献立に困った日の夕食はカレーにすることに決まった。

カレーが簡単だって?と思う方もいらっしゃるだろう。しかし現地のスパイスを使った本格的なカレーを作るわけではない。

じゃあ即席のルウが現地でも手に入るのか？　残念ながら、ここでは手に入らない。日本人ワーカー

ジャパニーズ・カレー

具材（約10人分）

牛肉の挽肉
500g

タマネギ
4個

人参
5本

ジャガイモ
8個

牛乳
200ml

カレーのルウ
2箱分

蜂蜜
適量

生姜
3かけら

ニンニク
4かけら

塩・胡椒
適量

① ジャガイモ、人参、タマネギをそれぞれ一口サイズに切り、火が通るまで鍋で煮る。

② 牛肉の挽肉、生姜、ニンニクをフライパンで炒めて、塩・胡椒で軽く味付けする。

③ 挽肉を鍋に入れて混ぜる。灰汁《あく》を丁寧に取り、弱火にする。

④ ルウを入れてかき混ぜる。後で蜂蜜と牛乳を加えて味を調える。

が渡航の際、ペシャワール会の事務局から託される荷物のなかに、カレーのルウだけは必ずと言って良いほど含まれているのだ。

どうしてここまでカレーに拘《こだわ》るのか？　そこにはもう一つ、大きな理由があった。

＊

「おお、カレーですかぁ。ご馳走ですなぁ！」

中村医師はカレーを前にすると、いつも心が浮き立つようだった。

実はカレーは中村医師の大好物だったのである。それも小麦粉を炒《い》った香ばしいルウを使った日本のカレーだ。

私が日本にいるとき、たまに中村医師の講演に付き添うことがあった。食事の手配はすこぶる簡単である。

「カレーで宜《よろ》しいでしょうか？」

「うん」

現地でもスパイスを使った料理が殆《ほとん》どだから、毎食カレーを食べているようなものだが、中村医師は日本にいてもカレーをこよなく愛しておられた。筋金《すじがね》入りのカレー愛好者なのだ。しかもカツカレーがあれば、なお良い。

「先生、カツカレーは胸焼けしませんか？」

「うん、大丈夫よ。好きやもん」

当時、中村医師はすでに還暦《かんれき》を過ぎており、カロリーやバランスを考えなければならなかったはずなのだが、ま、お医者さんなのだし、ご本人が平気なら何を言うことがあろう。

中村医師は九州大学の医学部生だったころ、毎日学食で済ませていたそうだ。豚《トン》カツが好きなので毎日カツ丼ばかり食べ続けていたが、さすがに飽きてきたので趣向を変えるのも良かろうと、今度は毎日カツカレーばかり食べ続けたとの由《よし》。

「学食の豚カツは肉が薄かったとよ。当時、『木綿《もめん》のハンカチーフ』という歌謡曲が流行《はや》っとってね。学生が学食のおばちゃんに〝豚《トン》カチーフ、くーださいー♪〟なんて替え歌を歌っておったねぇ」と懐かしそうに仰《おっしゃ》っていた。中村医師にとって、カツカレーは特別な青春のメニューだったのだろう。

そういう訳《わけ》で日本人宿舎では、カレーのルウだけは欠かすことなく常に補充されるのであった。カレーのルウを使えば誰でもおいしいカレーを作ることが出来る。これを発明した人は、本当に偉人だと思う。

ところがそんなカレーですら、どうしてもうまく作れない日本人ワーカーがいた。私がダラエヌールの診療所に駐在していたときに他のワーカーから聞いた話だ。名誉の為に名は伏《ふ》せるが、中村医師はどんな顔をして彼のカレーを食べたのだろうか。

＊まかないレシピ⑦　コロッケ

最近では日本でも普通にインド・レストランを見かけるようになった。様々なスパイスを調合して作られたカレーと、タンドーリ窯《がま》で焼いた「ナン」と呼ばれるパンがセットになっていることが多い。パキスタンやアフガニスタンでも主食は米ではなく、窯で焼き上げたナンや油で揚《あ》げたチャパティと呼ばれる揚げパンをよく食べる。米はいわゆる〝ハレ〟の料理で出される高級な食材で、結婚式などの祝いの席で振る舞われるのみである。

彼らは器用にナンをちぎって、指が汚れないように、実に上手にカレーの具材を摑《つか》んで口の中へ入れる。

さて、このナンを使ったアイディア料理をご紹介する。

ある日、日本人ワーカーが朝食を済ませたあとに数枚残っていた。残ったナンはあとで食べようと思い、現場に持っていった。

しかし現場で働いている間にこのナンのことをすっかり忘れていた。宿舎に帰ってくると鞄《かばん》の中からナンが出てきたが、ボロボロに砕《くだ》けている。乾燥した地域なので、一日放置しただけで水分が抜けて堅《かた》くなり、砕けてしまったのだ。

私はナンの破片を摘《つ》まんで考えた。

——これは使える！

休日の金曜日の朝からさっそく準備に取りかかった。ボロボロになったナンを集めてボウルの中に放り込み、スパイスを砕く小ぶりの杵《きね》を使ってさらに粉砕する。

アフガン人も日本人も不思議そうに見ている。また何か新しい料理でも作るのか、という期待を込めた眼差《まなざ》しである。手が空いているワーカーを呼んで手伝ってもらう。それでもなかなか細かくならないので、最後は手でちぎった。

「まだ細かくするんですか？　一体どれくらい必要なんです？」

「まだまだ。文句言わないで頑張ってちぎれよ！　うまいもん食わせるからさ」

一方でジャガイモを大量に茹《ゆ》で、潰《つぶ》してマッシュポテトにする。もう、お分かりだろう。コロッケ

コロッケ

具材（約10人分）

牛肉の挽肉 1000g

タマネギ 4個

人参 5本

ジャガイモ 20個

パン粉（ナン10枚）

油 1ℓ

出汁類
（かつお、いりこ、昆布の細粒）

200ccの水に溶かす

スパイス
（クミンパウダーなど）

塩・胡椒

ソース

ウスターソースとケチャップをベースに
果物やジャムで甘いソースを作る。

①一口大に切ったジャガイモを大鍋で茹でる。

②茹で終ったら、ボウルの中に入れて潰して冷ます。

③タマネギや人参はみじん切りしてフライパンで軽く炒めてジャガイモと一緒にまぜる。

④塩・胡椒と出汁を加えて全体に味が染みこむように揉んでおく。

⑤わらじ型に形を整える。中央を凹ませる。

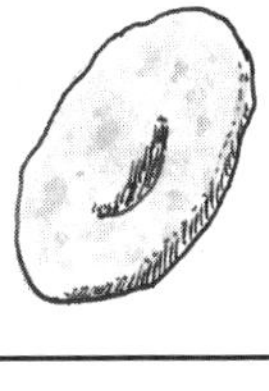

⑥小麦粉、卵を潜らせてパン粉をまぶす。

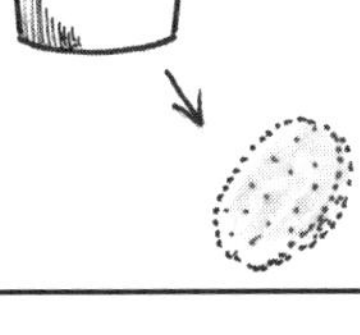

⑦180℃の油で揚げる。

⑧お好みのソースを作る。

である。パン粉はバザールでも探したが、そんな便利な食材は見つからなかった。見つからないなら自分で作るまでだ。ミキサーを使ってみたが、どうにもパン粉のサイズにならず、やはり地道に手で小さくするしかなかった。

＊

ナンをちぎってパン粉にすることでサクサクの食感が際立った。また食べたいと好評だったので、「ナンをちぎるのを協力してくれるなら」と条件を出した。

他にもカレー粉を混ぜたカレーコロッケを作ったり、ナンに挟《はさ》んで「コロッケバーガー」なるものを作るワーカーもいた。

＊まかないレシピ⑧　大学芋《いも》

ペシャワールの基地病院で働いていた二〇〇七年の秋、アフガニスタン側のダラエヌールに駐在していた農業チームから嬉しい知らせが来た。

試験農場の収穫において、日本から持ってきたサツマイモが豊作だったという。試験農場は農業チームが寝《ね》泊《と》まりするダラエヌール診療所の近くにあり、地元民から土地を借りて換金《かんきん》しやすいお茶やサツマイモなどの栽培にチャレンジしていた。日本人ワーカーらは日本の農業専門家と連絡を取りながら日々観察と記録をつけて、地元民と一緒に試行錯誤《しこうさくご》していたのだった。豊作の噂を聞きつけた近くの農家が種芋《たねいも》を競ってもらいに来たという。

私は農業に関しては素人《しろうと》だが、アフガニスタンの過酷な環境に馴染《なじ》めずに病気になったり、虫に食われたりと様々に苦心してきた経過を聞いていたので、この報告は我が事《こと》のように喜ばしかった。ペシャワールの基地病院にも送ってくれるという。

後日、アフガニスタンから国境を越えて送られてきた段ボールいっぱいのサツマイモを見て、病院のスタッフは色めき立った。彼らもサツマイモのおいしさは知っているらしく、蒸したシンプルなものが好まれているようだった。日本人ワーカーたちでどんな料理法が良いかを話しあったが、一番多かったのが「大学芋《いも》」だった。

以前、大学芋を作ったことがあると話すと、「それは良い。病棟の患者や医療スタッフたちにも食べてもらおう」ということになった。

病院では毎日病棟にいる患者たちや医療スタッフに一日三度の食事を提供している。メニューは現地人が普段食べている献立だ。豆や野菜のスープやナン、お茶も出される。そのため病院の厨房では大きな鍋に常に火が点《つ》いており、湯気で湿度が高くなっている。当然気温も高くなり、数分いただけで全身から汗が噴《ふ》き出る。

午後のお茶の時間に合わせて、昼食時《どき》から準備を始めた。

パキスタン人のコック長は蒸《ふ》かしイモを、私は大学芋を作るので同じ厨房の中でも作業が違う。コック長は日本人が何やら作るのが珍しいようで、チラチラこちらを見ている。何を作っているのかを訊《き》くのが癪《しゃく》なのか、あえて興味のないそぶりをしているのが分かる。

＊

患者や医療スタッフなど総勢で約六〇人分の量だったので、準備段階ですでに大仕事だった。サツマイモを一口《ひとくち》サイズに切るだけでも大ごとで、手の空いているパキスタン人スタッフにも手伝ってもらった。

まず油で素揚《すあ》げ。次に揚げたものを大きな鍋に移して水飴《みずあめ》に絡《から》ませる。大きなしゃもじで混ぜる人。大きな鍋が動かないように支える人。汗をポタポタ流しながらの重労働だった。あまり混ぜすぎたらサツマイモの形が壊れるので、適度に水飴が固まるころを見計らいながら仕上げる。最後にゴマを振りかけて皿に盛り付けると完成である。

熱いうちにまず患者たちに配り、その後現地人のスタッフたちにも食べてもらったところ大好評で、苦労の甲斐があった。

初めて目にする食べ物に対しては保守的な彼らだが、甘いものに対しては好奇心の方が勝るようだ。酒を飲まないイスラム教徒だけに、なおさら甘いものに目がなく、甘いサツマイモにさらに水飴をコーティングしてあるということに興味津々のようだった。

ちなみにインドやパキスタンには「ジャレビー」という、小麦粉を溶《と》いた揚げ物のお菓子があって、揚げ物に砂糖や水飴をまぶしたお菓子が受けるのは想定済みだった。

さっきは無関心を装《よそお》っていたコック長も、「これは旨い！　作り方を教えてくれ！」と言ってくれた。

「話せば分かる」という言葉があるが、「食えばもっと分かる」ものだな、と嬉しくなった。

大学芋

具材（1人分）

サツマイモ
2本

水飴orザラメ
（適量）

ごま
（適量）

油500ml

※ジャレビーとは？

チューブ先から
生地を出す

薄力粉、ドライイースト、ひよこ豆の粉を水で練る。
生地を油で揚げてシロップ漬けにしたもの。
インド、中東、北アフリカで食されるお菓子。

オレンジ色はひよこ豆の色
とても甘く油っぽい。

初めて
食べた時に
甘すぎて
食べられな
かった。

①サツマイモを一口大のサイズに切る。
※皮付きでもOK！

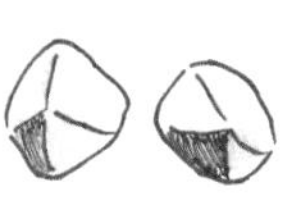

②水気を切ったサツマイモを油で素揚げする。

③サツマイモの油を拭きとり、さます。

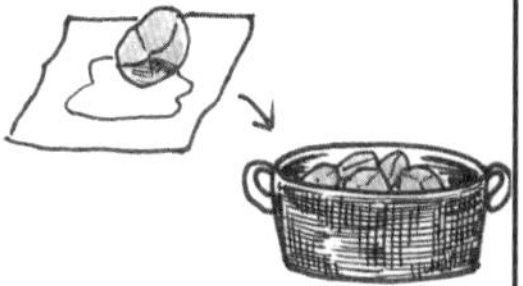

④水飴と水を焦げないように沸かす。

⑤サツマイモと水飴を混ぜ合わせる。
（形が壊れないように注意！）

⑥ゴマを振りかけて完成。

用水路建設への挑戦

中村先生《なかむらせんせい》、どうしてわざわざ用水路《ようすいろ》を造《つく》ることになったんです?
よろしい。では、我々《われわれ》が用水路《ようすいろ》を造《つく》ると決《き》めたころの話《はなし》をしよう
用水路建設《ようすいろけんせつ》を始《はじ》める前《まえ》にわしはまず本屋《ほんや》へ行《い》った——
こんなにいろんな本《ほん》があるのか!
土木
どれから読《よ》みますか?
専門書《せんもんしょ》は高《たか》いな…
福元満治《ふくもとみつじ》広報担当《こうほうたんとう》(当時《とうじ》)
しかし、土木《どぼく》の知識《ちしき》のないわしが専門書《せんもんしょ》を読《よ》んでもさっぱり分《わ》からない
娘《むすめ》から高校《こうこう》の教科書《きょうかしょ》を借《か》りて数学《すうがく》や物理《ぶつり》を勉強《べんきょう》し直《なお》した。また日本古来《にほんこらい》の河川工法《かせんこうほう》も見学《けんがく》した
数学Ⅱ
sin(x+y) =sin x…
当時《とうじ》は井戸《いど》掘《ほ》り事業《じぎょう》を展開《てんかい》していたが用水路建設《ようすいろけんせつ》はペシャワール会《かい》にとっても過去最大《かこさいだい》の挑戦《ちょうせん》だった
みな心配《しんぱい》しとりますな
えーっ!? 水路《すいろ》を造《つく》る!?
専門家《せんもんか》の仕事《しごと》でしょ?
説明《せつめい》せんといかんな…
ねぇ? 村上事務局長《むらかみじむきょくちょう》
……
みなちょっと聞《き》いてくれ
中村先生《なかむらせんせい》が用水路《ようすいろ》を造《つく》ると決意《けつい》されたのはいま現地《げんち》で水《みず》が必要《ひつよう》だからだ
村上優《むらかみまさる》事務局長《じむきょくちょう》(当時《とうじ》)

アフガニスタンの大干《だいかん》ばつによって
もはや井戸《いど》を掘《ほ》るだけでは
追《お》いつかない事態《じたい》になったのだ
土木《どぼく》の門外漢《もんがいかん》である
中村先生《なかむらせんせい》に
何《なに》ができるのかと
思《おも》う人もいるだろう
だが私《わたし》たちが
中村先生《なかむらせんせい》を
信《しん》じられないで
どうする？
せめて我々《われわれ》は
彼《かれ》を応援《おうえん》
しようじゃないか
私《わたし》は中村先生《なかむらせんせい》の
用水路建設《ようすいろけんせつ》を支持《しじ》する
ジャララバード事務所《じむしょ》
みんな
聞《き》いてくれ
中村先生《なかむらせんせい》なら
やってくれる
わよ!!
まあ
しょうが
なかね
これからは
今《いま》まで以上《いじょう》に干《かん》ばつが
酷《ひど》くなると思《おも》われる
干《かん》ばつが続《つづ》けば
栄養失調《えいようしっちょう》や感染症《かんせんしょう》
なども増《ふ》える
何《なん》とか理解《りかい》
してもらい
ましたね
あとは
現地《げんち》だな…
最初《さいしょ》に犠牲《ぎせい》になる
のは体力《たいりょく》のない
老人《ろうじん》や子供《こども》たちだ
実際《じっさい》に毎日《まいにち》
多《おお》くの子供《こども》が
命《いのち》を落《お》としている

我々《われわれ》の目標《もくひょう》は自給自足《じきゅうじそく》ができる環境《かんきょう》を作《つく》ることだ
しかし地下水位《ちかすいい》が下《さ》がり井戸《いど》を掘《ほ》ってもすぐ涸《か》れてしまう
もっと広範囲《こうはんい》に安定《あんてい》した灌漑《かんがい》をする必要《ひつよう》がある。そこでクナール河《がわ》から水《みず》を引《ひ》くことを思《おも》いついたわけだ
アフガニスタンの将来《しょうらい》はこの用水路建設《ようすいろけんせつ》にかかっている
あの……ドクターサーブ用水路《ようすいろ》を造《つく》ると言《い》ってもその技術《ぎじゅつ》はどうするんですか？
おいっ!!
ふふふっ
わしは医者《いしゃ》だよ。エンジニアじゃないさ
へ…？
資金《しきん》がはたしていくら必要《ひつよう》か分《わ》からないがぜいたくはできない
もちろんわし一人《ひとり》で用水路《ようすいろ》を造《つく》るわけじゃない
君《きみ》たちアフガン人《じん》にも頑張《がんば》ってもらう
そこであまりお金《かね》がかからない工法《こうほう》を調《しら》べたんだ

例《たと》えば堤防《ていぼう》。
アフガニスタンにもある蛇籠《じゃかご》を両岸《りょうがん》に配置《はいち》して連結《れんけつ》する
職人《しょくにん》から作《つく》り方《かた》を習《なら》い村人《むらびと》を雇用《こよう》してこれを量産《りょうさん》する
蛇籠《じゃかご》の中《なか》には石《いし》を敷《し》き詰《つ》めてもらう
君《きみ》たちが自分《じぶん》の家《いえ》をつくるときのような要領《ようりょう》でしっかりと石《いし》を積《つ》んでくれればいいんだ
これなら俺《おれ》たちでもできそうだ
……
うん みなも働《はたら》きやすいぜ
さらにこの蛇籠《じゃかご》の上《うえ》に土嚢《どのう》を乗《の》せて補強《ほきょう》する。土嚢《どのう》の背面《はいめん》には柳《やなぎ》を植樹《しょくじゅ》していく
蛇籠《じゃかご》の鉄線《てっせん》は劣化《れっか》していつか錆《さ》びるがそのころには柳《やなぎ》の根《ね》が伸《の》びて鉄線《てっせん》の代《か》わりに岩《いわ》に絡《から》まってくれる
用水路
斜め切りで断面積を広げて給水を確保する。
柳《やなぎ》の木《き》が生長《せいちょう》すれば枝《えだ》を剪定《せんてい》してふたたび他所《よそ》に植樹《しょくじゅ》できるので効率的《こうりつてき》で経済的《けいざいてき》だ
あおっ
この蛇籠《じゃかご》と柳枝《りゅうし》の工法《こうほう》ならばかなりコストをおさえられるし壊《こわ》れても自分《じぶん》たちで補修《ほしゅう》できるのだ

ドクター・サーブ もっと近代的《きんだいてき》なやり方《かた》では いけませんか？
かつてロシア式《しき》のダムや用水路《ようすいろ》がアフガニスタンの各地《かくち》につくられました
私《わたし》たちエンジニアもロシアの近代土木工学《きんだいどぼくこうがく》を学《まな》んできました
ロシア式《しき》というとダンプなどの重機《じゅうき》やコンクリートを大量《たいりょう》に使《つか》うはずだ
当然《とうぜん》コストがかかるし もしも壊《こわ》れた場合《ばあい》には村人自身《むらびとじしん》の手《て》で修復《しゅうふく》するのは難《むずか》しいだろうな
橋本康範《はしもとやすのり》ワーカー
そもそも中村先生《なかむらせんせい》は重機《じゅうき》に頼《たよ》らずみなが参加《さんか》してアフガンを復興《ふっこう》してほしいとお考《かんが》えのはずだ…
資金《しきん》があればそれも良《よ》いだろう
単刀直入《たんとうちょくにゅう》に言《い》うが近代的《きんだいてき》な工法《こうほう》は金《かね》がかかりすぎるし我々《われわれ》の手《て》には負《お》えない
申《もう》し訳《わけ》ないがこの水路《すいろ》は君《きみ》らの研究発表《けんきゅうはっぴょう》の場《ば》ではない。やるなら他所《よそ》でやってくれ
!?
先《さき》ほど説明《せつめい》した蛇籠《じゃかご》や柳《やなぎ》の植樹《しょくじゅ》を選《えら》んだもう一《ひと》つの理由《りゆう》は「雇用《こよう》」のためでもある

アフガニスタン人《じん》の大半《たいはん》が農業《のうぎょう》や牧畜《ぼくちく》を営《いとな》んでいる。干《かん》ばつのために農業《のうぎょう》ができず出稼《でかせ》ぎに出《で》たり 軍隊《ぐんたい》に入《はい》る者《もの》も増《ふ》えている
結果《けっか》として同《おな》じアフガニスタン人同士《じんどうし》が殺《ころ》し合《あ》うことにもなる
用水路《ようすいろ》の工事《こうじ》に参加《さんか》すれば収入《しゅうにゅう》を得《え》て家族《かぞく》を養《やしな》うこともできる
用水路《ようすいろ》が伸《の》びて自分《じぶん》たちの村《むら》への灌漑《かんがい》が始《はじ》まれば農業《のうぎょう》を再開《さいかい》できる
農地《のうち》を復活《ふっかつ》させてみなが食《く》っていけるようにしよう。君《きみ》たち自身《じしん》の手《て》でやることに意義《いぎ》があるのだ
そうだ!! 俺《おれ》たちでやりとげるんだ!!
アフガニスタン万歳《ばんざい》!!
ほが ほがっ
おおーっ ラーメンじゃないか!!
おほっ
どげんしたと? ごちそうやね
工事《こうじ》の成功《せいこう》を祈《いの》ってたまには贅沢《ぜいたく》もいいでしょう
にこ にこ
うまい!!

◉コラム　断食月《ラマダーン》に耐える

真夏に断食月《だんじきづき》（ラマダーン）が重なると、とても辛《つら》い。

ご存じの方も多いと思うが、イスラム教徒にとってラマダーンは年に一度の大イベントである。約一ヵ月、日が出ている間は飲み物、食べ物を摂取してはいけない。

本当は飲食だけでなく唾《つば》も飲んではいけないし煙草《たばこ》や意図的な射精もNG。つまり正確には「断食」ではなく「禁欲」なのである。いずれにせよとても厳しい内容だが、病人や妊婦、年少者、旅行者などは免除されるそうだ。

私はイスラム教徒ではないので本来は戒律《かいりつ》を守らなくても良いのだが、彼らの前で飲み食いする勇気はなかった。彼らがイライラしているのは傍目《はため》にも分かったからだ。

実際ラマダーンの期間はなかなかにきつい。酷暑《こくしょ》の季節はなおさらだ。

「君はムスリマン（イスラム教徒）じゃないんだから守らなくても良いよ」

と言ってはくれるが、目は笑っていなかった。

私は、彼らの見えないところで隠れて水を飲むように気をつけていた。

第3章
よく働き、よく休め

＊マルワリード用水路建設現場。巨石を穿《うが》つアフガン人レイバー（日雇いの土木作業員）たち

鬼気迫る干ばつ

え!?
いま何《なん》とおっしゃったんですか?
この冬《ふゆ》の間《あいだ》にスランプール盆地《ぼんち》まで通水《つうすい》させる
来年《らいねん》の麦《むぎ》の種《たね》まきに間《ま》に合《あ》わせなければ死活問題《しかつもんだい》だ
お言葉《ことば》ですがすでに本年度《ほんねんど》の事業費《じぎょうひ》の3分《ぶん》の2を使《つか》っているはずです
松永貴明《まつながたかあき》ワーカー
資金《しきん》が足《た》りるのでしょうか!?
もし間《ま》に合《あ》わなかったら来年《らいねん》の小麦《こむぎ》の価格《かかく》は高騰《こうとう》するそうなったら飢餓地獄《きがじごく》はさけられない
ちょっと待《ま》ってください
金《かね》は〝虎《とら》の子《こ》〟の2億《おく》を使《つか》う
ダンプカーやユンボなど重機《じゅうき》も60台用意《だいようい》する。急《いそ》いで水路《すいろ》を延《の》ばすんだ
2億《おく》…!!

夏《なつ》からの工事《こうじ》で作業員《さぎょういん》の疲労《ひろう》がたまっています
少《すこ》し休《やす》みを
これは遊《あそ》びやないとよ
国連機関《こくれんきかん》の発表《はっぴょう》がありアフガニスタンでは
飢餓線上《きがせんじょう》に４００万人《まんにん》餓死線上《がしせんじょう》に１００万人《まんにん》と警告《けいこく》されておる
餓死者《がししゃ》１００万人《まんにん》
逃《に》げ場《ば》のない灼熱地獄《しゃくねつじごく》
ドクター・ジアは州政府《しゅうせいふ》への工事《こうじ》の報告書《ほうこくしょ》をまとめ長老会《ちょうろうかい》の協力《きょうりょく》を取《と》りつけてほしい
了解《りょうかい》しました
では鉄筋《てっきん》やセメント重機用《じゅうきよう》の軽油《けいゆ》も大量《たいりょう》に発注《はっちゅう》します
うむ
私《わたし》は日本側《にほんがわ》へ資金《しきん》を送《おく》るよう連絡《れんらく》する
着《つ》き次第《しだい》すぐ使《つか》えるように準備《じゅんび》します

来年《らいねん》の春《はる》 雪解《ゆきど》けに合《あ》わせてタリバンの攻勢《こうせい》もはげしくなる。急《いそ》がねばならん
ざわっ
タリバンが?
それは確《たし》かな情報《じょうほう》でしょうか?
ぼそっ
うむ
ほー
昔《むかし》 ゲリラの親玉《おやだま》を治療《ちりょう》したことがあってな。恩義《おんぎ》を感《かん》じていろいろと情報《じょうほう》を提供《ていきょう》してくれるんよ
ドクター・ナカムラ!! タリバンの幹部《かんぶ》から聞《き》いた話《はなし》で、来年《らいねん》の春《はる》には大攻勢《だいこうせい》です
信頼《しんらい》できる確《たし》かな情報《じょうほう》です!!
じゃ、各自《かくじ》持《も》ち場《ば》に戻《もど》ってくれ
よっこらせ
我々《われわれ》アフガン人《じん》ですら知《し》らなかったのに…
おーい 〝大《だい》の字《じ》〟よ!!
蓮岡修《はすおかおさむ》ワーカー
帰国《きこく》を来年《らいねん》の春《はる》以降《いこう》に延《の》ばすよ
え!?
蓮岡《はすおか》の兄《あに》ぃは年内《ねんない》に帰《かえ》ると彼女《かのじょ》に伝《つた》えてなかった?
いいんだ
ちゃんと事情《じじょう》を説明《せつめい》してここの仕事《しごと》を優先《ゆうせん》するよ
後悔《こうかい》したくないからな

ま、そういうことで頑張《がんば》ろうぜ
じゃ
蓮岡《はすおか》さんはこのあと電話《でんわ》で彼女《かのじょ》に怒《おこ》られていた
いいなぁ
帰国《きこく》を心待《こころま》ちにする彼女《ひと》がいるなんて…
ポサーっとせんで仕事《しごと》せぃ
はい！
山《やま》からの雪解《ゆきど》け水《みず》が今年《ことし》は少《すく》ないようだ…
用水路班《ようすいろはん》の朝《あさ》は早《はや》い
夏《なつ》は朝《あさ》4時《じ》
冬《ふゆ》は6時《じ》に出発《しゅっぱつ》する
朝食《ちょうしょく》も中村医師《なかむらいし》と打《う》ち合《あ》わせをしながら簡単《かんたん》に済《す》ませる
車《くるま》で移動《いどう》するときは少《すこ》しでも寝《ね》て体力《たいりょく》の回復《かいふく》をはかる——
ぐおおお‥ むにゃむ
建設現場《けんせつげんば》へ車両《しゃりょう》で出発《しゅっぱつ》
HIACE
水路予定地《すいろよていち》
（約《やく》25.5km）
車《くるま》の通勤路《つうきんろ》
（約《やく》60分《ぷん》）
ダラエヌール
ガンベリ
N
W
E
S
シェイワ
ベスード
カマ
カブール川
ジャララバードの町
お、来《き》たか

出勤《しゅっきん》場所《ばしょ》は工事《こうじ》の持《も》ち場《ば》によって違《ちが》う。アフガン人《じん》スタッフとまず挨拶《あいさつ》を交《か》わす
ミスター・ダイ!! サラーム・アレイコム!!
サラーム・アレイコム（あなたに神《かみ》の御加護《ごかご》を）!!
ガチッ
ご家族《かぞく》はお変《か》わりないですか？
ありがとう。あなたの家族《かぞく》はお元気《げんき》ですか？
お陰《かげ》で
挨拶《あいさつ》は基本《きほん》!!
仲《なか》の良《よ》い人《ひと》とは抱擁《ほうよう》を交《か》わす。大事《だいじ》な儀礼《ぎれい》だ
植樹班《しょくじゅはん》、集《あつ》まって～!
毎朝《まいあさ》 集《あつ》まってくる日雇《ひやと》いの作業員《さぎょういん》に勤務《きんむ》カードを配《くば》る
ざわっ
ざわっ
今日《きょう》から新規《しんき》で働《はたら》いてもらう二人《ふたり》だね
よろしくね
PMS
Labour
わかりました
この柳《やなぎ》の苗木《なえぎ》を挿《さ》す仕事《しごと》だよ
二人一組《ふたりひとくみ》で穴《あな》を掘《ほ》り挿《さ》し木《ぎ》するんだ
私《わたし》は特技《とくぎ》を生《い》かしスケッチ画《が》を見《み》せて仕事《しごと》を説明《せつめい》していた
理解《りかい》が早《はや》い者《もの》や経験《けいけん》がある者《もの》には他《ほか》の新人《しんじん》に説明《せつめい》してもらうことも多《おお》かった

中《なか》には隠《かく》れてサボる者《もの》もいる
ぬうう
仕事中《しごとちゅう》に何《なに》してんだ!?
あっ!!
働《はたら》かないなら
給料《きゅうりょう》は出《で》ないよ?
アフガニスタンの夏《なつ》はオープンで熱《ねっ》されているかのように暑《あつ》い
夏場《なつば》の外気温《がいきおん》は50度《ど》を超《こ》え汗《あせ》はすぐに揮発《きはつ》してしまう。服《ふく》に塩《しお》の結晶《けっしょう》が浮《う》き出《で》てくる
ザシュ
ザシュ
そろそろ休憩《きゅうけい》か……
…………
ザシュ
ザシュ
ようやくやる気《き》を出《だ》しましたね
ガガ……
へへっ
無線《むせん》だ!!
こちらAC《アコモデーション》ミスター・ダイ…
こちらダイどうぞ
ミスター・ダイリクエストの品《しな》が届《とど》いた

ジャララバードにあるＡＣ《アコモデーション》——建設《けんせつ》に必要《ひつよう》な資材《しざい》などの保管基地《ほかんきち》
パチャサーブ、何《なに》が届《とど》きました？
UNHCR
植樹《しょくじゅ》に使《つか》うビニールシートだよ。君《きみ》がリクエストしたろ？
了解《りょうかい》。いつもの便《びん》で送《おく》ってください
Canal Project Pl
ミスター松永《まつなが》!!
はい
ミスター・ダイの頼《たの》んだ品《しな》を日当《にっとう》を配《くば》るときに運《はこ》んでくれるか？
了解《りょうかい》
会計係《かいけいがかり》は毎日《まいにち》日雇《ひやと》い労働者《ろうどうしゃ》の日当《にっとう》を準備《じゅんび》する。正職員《せいしょくいん》や準職員《じゅんしょくいん》には出勤簿《しゅっきんぼ》をつける
ATTENDA
CANAL SITE : A
Labour Name
1 Amil Gul
2 Glum Moh
3 Shah Kh
4 Safi K
5 Glum M
6 Mohd
7 AZiZ
8 Pack
準職員《じゅんしょくいん》は半月《はんつき》正職員《せいしょくいん》は1ヵ月《げつ》ごとに給料《きゅうりょう》を払《はら》う。出勤簿《しゅっきんぼ》は各現場《かくげんば》で毎日記録《まいにちきろく》する
識字率《しきじりつ》が低《ひく》い地域《ちいき》なので指紋《しもん》をもらう。もちろんサインでも良《よ》い
Signature
あっ舐《な》めちゃだめ!!
ぺろっ
平気《へいき》だよ
私《わたし》も時々《ときどき》給料日《きゅうりょうび》の現金《げんきん》の仕分《しわ》けを手伝《てつだ》った
ぷ〜ん
汚《きた》ねぇな〜
案《あん》の定《じょう》トイレに駆《か》け込《こ》むこととなる
TOILET
ピーッ
ゴロゴロ
ああっ!!

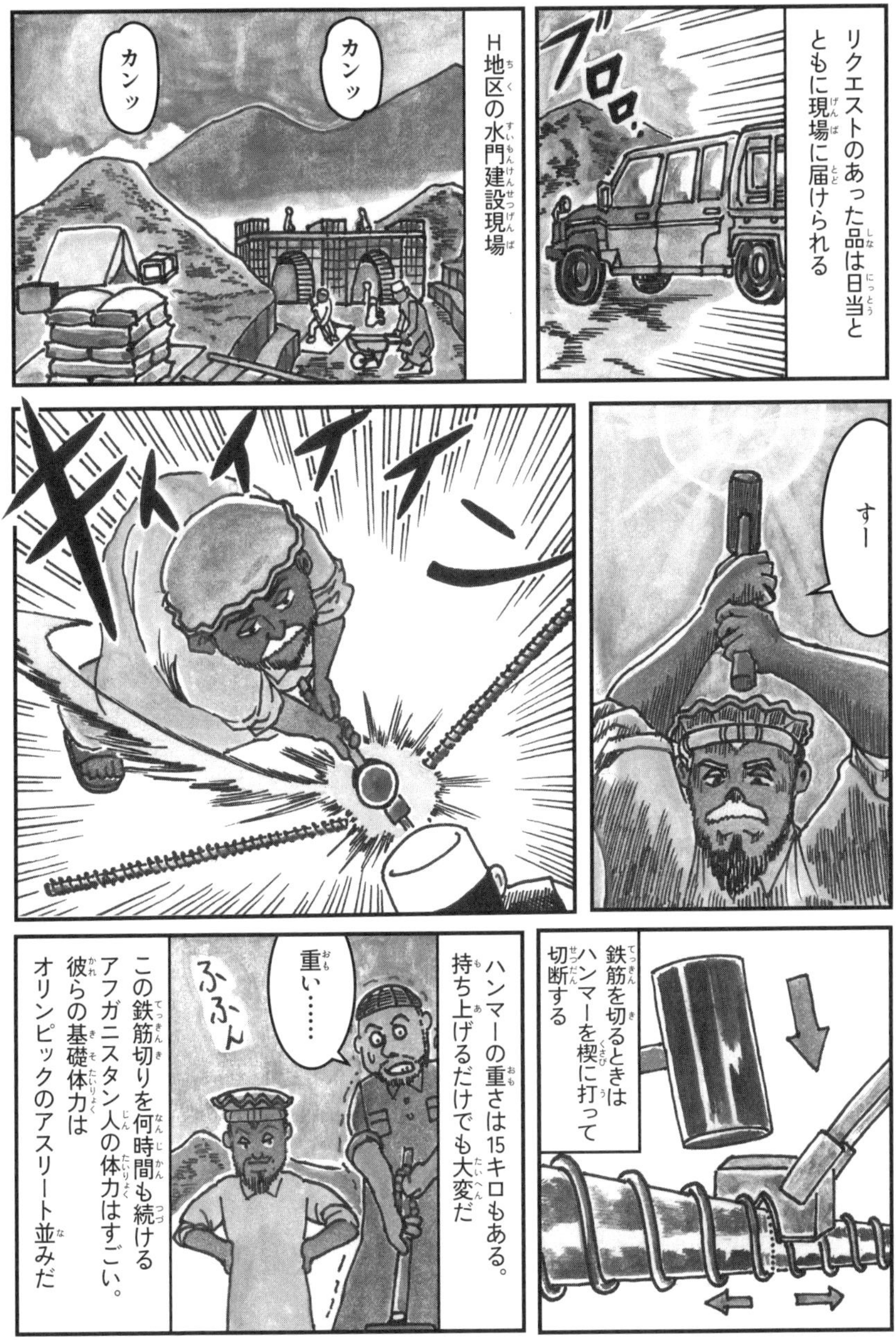
リクエストのあった品《しな》は日当《にっとう》とともに現場《げんば》に届《とど》けられる
ブロロ
H地区《ちく》の水門《すいもん》建設《けんせつ》現場《げんば》
カンッ
カンッ
すー
鉄筋《てっきん》を切《き》るときはハンマーを楔《くさび》に打《う》って切断《せつだん》する
ハンマーの重《おも》さは15キロもある。持《も》ち上《あ》げるだけでも大変《たいへん》だ
重《おも》い……
ふふん
この鉄筋切《てっきんき》りを何時間《なんじかん》も続《つづ》けるアフガニスタン人《じん》の体力《たいりょく》はすごい。彼《かれ》らの基礎《きそ》体力《たいりょく》はオリンピックのアスリート並《な》みだ

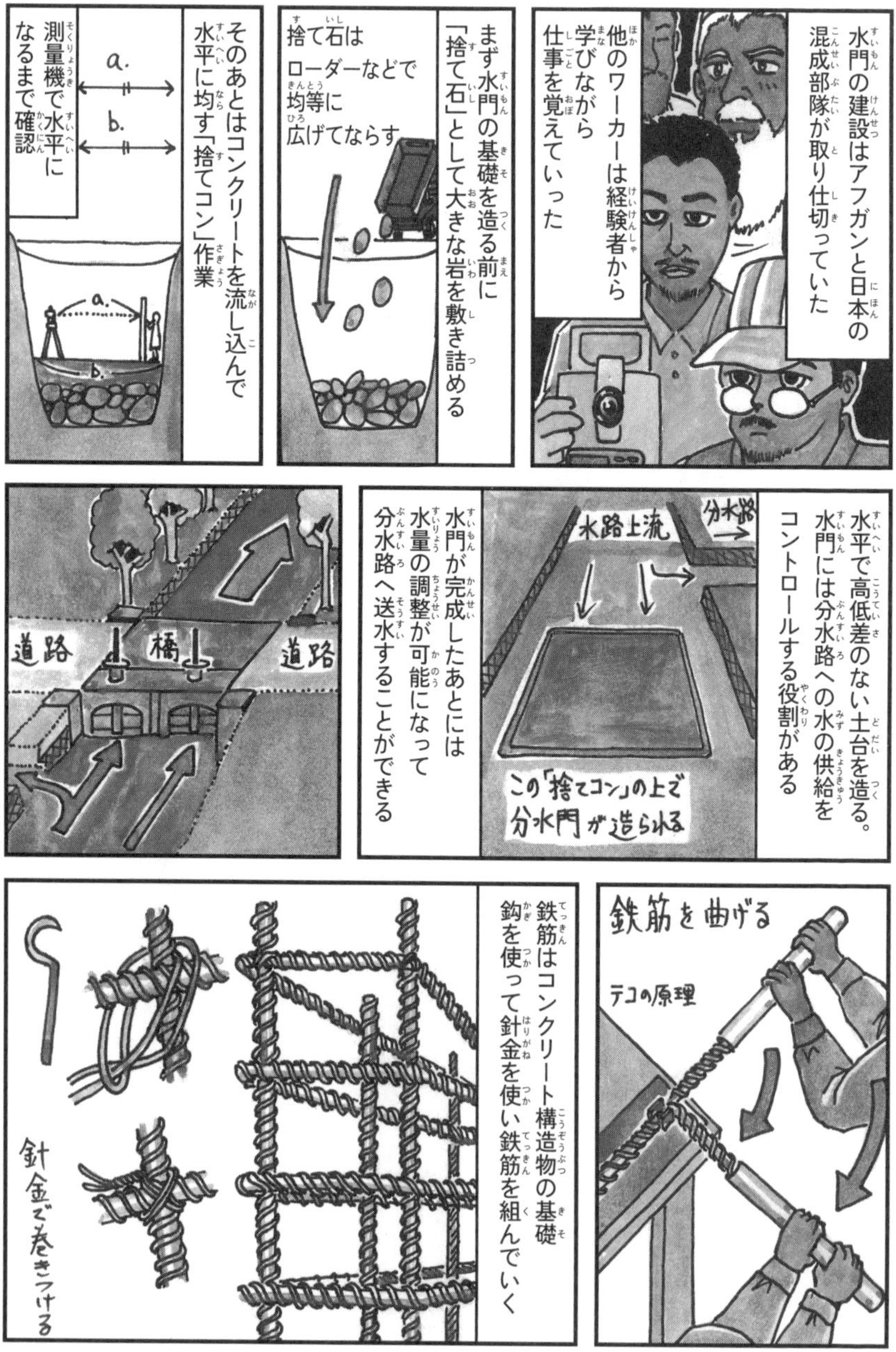

水門《すいもん》の建設《けんせつ》はアフガンと日本《にほん》の混成部隊《こんせいぶたい》が取《と》り仕切《しき》っていた
他《ほか》のワーカーは経験者《けいけんしゃ》から学《まな》びながら仕事《しごと》を覚《おぼ》えていった
まず水門《すいもん》の基礎《きそ》を造《つく》る前《まえ》に「捨《す》て石《いし》」として大《おお》きな岩《いわ》を敷《し》き詰《つ》める
捨《す》て石《いし》はローダーなどで均等《きんとう》に広《ひろ》げてならす
そのあとはコンクリートを流《なが》し込《こ》んで水平《すいへい》に均《なら》す「捨《す》てコン」作業《さぎょう》
測量機《そくりょうき》で水平《すいへい》になるまで確認《かくにん》
a.
b.
a.
b.
水平《すいへい》で高低差《こうていさ》のない土台《どだい》を造《つく》る。水門《すいもん》には分水路《ぶんすいろ》への水《みず》の供給《きょうきゅう》をコントロールする役割《やくわり》がある
分水路
水路上流
この「捨てコン」の上で分水門が造られる
水門《すいもん》が完成《かんせい》したあとには水量《すいりょう》の調整《ちょうせい》が可能《かのう》になって分水路《ぶんすいろ》へ送水《そうすい》することができる
道路
橋
道路
鉄筋を曲げる
テコの原理
鉄筋《てっきん》はコンクリート構造物《こうぞうぶつ》の基礎《きそ》鉤《かぎ》を使《つか》って針金《はりがね》を使《つか》い鉄筋《てっきん》を組《く》んでいく
針金で巻きつける

鉄筋《てっきん》を組《く》み終《お》えると
レンガで周《まわ》りを囲《かこ》み
モルタルを注入《ちゅうにゅう》して固《かた》める
ゴオオン
砂《すな》の入《はい》ったミキサー機《き》の中《なか》に
水《みず》とセメントを入《い》れて混《ま》ぜる
セメント袋《ぶくろ》は
一《ひと》つ20キロ以上《いじょう》ある
近藤真一《こんどうしんいち》ワーカー
この作業《さぎょう》を
一日中《いちにちじゅう》すれば
かなり消耗《しょうもう》する
バサッ
バサ
ザザ
ザザザ
ザザザ
砂《すな》・水《みず》・セメントの配分《はいぶん》は
季節《きせつ》によって微妙《びみょう》に違《ちが》うので
経験《けいけん》が求《もと》められる
あとは外装《がいそう》を
きれいに仕上《しあ》げる仕事《しごと》がある

塗装用《とそうよう》のモルタルに使《つか》う砂《すな》は粒子《りゅうし》の細《こま》かいものを使《つか》うので 鉄網《てつもう》で濾《こ》す
篩《ふるい》
網《あみ》で濾《こ》すと石《いし》や砂利《じゃり》は残《のこ》り 粒《つぶ》の小《ちい》さい砂《すな》だけ落《お》ちる
砂
LUCKY CEMENT
L
セメント
水
モルタル
ここで左官《さかん》に鏝《こて》で仕上《しあ》げてもらう
左官《さかん》たちは〝メイソン〟と呼《よ》ばれ 水門建設《すいもんけんせつ》の仕上《しあ》げに欠《か》かせない存在《そんざい》だった
ミスター鬼木《おにき》 これで いいですか？
モルタルが 多《おお》すぎバイ
最年長《さいねんちょう》の日本人《にほんじん》ワーカー 鬼木稔《おにきみのる》さん
モルタルは 少《すこ》しで良《よ》か
OK!!
何故《なぜ》かアフガン人《じん》は鬼木《おにき》さんの博多弁《はかたべん》を理解《りかい》していた
少《すく》なめで いいそうだ！

この蛇籠《じゃかご》は規格《きかく》のサイズを決《き》めて同《おな》じものを大量《たいりょう》に職人《しょくにん》に作《つく》らせた
鉄線《てっせん》で編《あ》んだ箱《はこ》の中《なか》に石《いし》を敷《し》き詰《つ》めてますね？
この蛇籠《じゃかご》は堰《せき》の起源《きげん》とも言《い》われる中国四川省《ちゅうごくしせんしょう》の都江堰《とこうえん》で使《つか》われ始《はじ》めた。主《おも》に竹《たけ》で編《あ》んだものだったらしい
日本《にほん》には安土桃山時代以降《あづちももやまじだいいこう》広《ひろ》く伝《つた》わり 近代以降《きんだいいこう》は金属《きんぞく》に代《わ》わった
アフガニスタンにももともと蛇籠《じゃかご》はあったがわしらはさらに頑強《がんきょう》なものに改良《かいりょう》して量産《りょうさん》した
何《なに》より蛇籠《じゃかご》は石《いし》の扱《あつか》いに慣《な》れたアフガン人《じん》に向《む》いている
現地《げんち》では石《いし》を積《つ》んで家《いえ》を造《つく》る。みながその技術《ぎじゅつ》を持《も》っておる。その点《てん》に注目《ちゅうもく》したんよ
籠《かご》を連結《れんけつ》して水路《すいろ》の両岸《りょうがん》が崩《くず》れないように護《まも》る役割《やくわり》をする
河川工事《かせんこうじ》にも出番《でばん》がある。護岸用《ごがんよう》の「水制《すいせい》」の先端《せんたん》に沈《しず》めて石《いし》が転《ころ》んで流失《りゅうしつ》するのを防《ふせ》ぐんよ
はーっ!! 水面下《すいめんか》ではこうして岸《きし》を護《まも》っているんですね

堰《せき》ができたことで水流《すいりゅう》が中州《なかす》に向《む》かい
中州《なかす》を削《けず》ることになる
中州
堰
その中州《なかす》を削《けず》らせないためにも
堰《せき》と中州《なかす》の間《あいだ》に蛇籠《じゃかご》を敷《し》き詰《つ》める。
水圧《すいあつ》を受《う》け止《と》め
水《みず》を逃《に》がす働《はたら》きがあるので
大河川《だいかせん》の護岸《ごがん》にも役立《やくだ》つ
中州
堰
蛇籠
石出し水制
その際《さい》は水《みず》はけの良《よ》いように
河川《かせん》にある丸石《まるいし》を詰《つ》めるなど
用途《ようと》に応《おう》じて石《いし》を変《か》える
さらに 崖崩《がけくず》れの補強《ほきょう》や足場《あしば》の
悪《わる》い交通路造成《こうつうろぞうせい》にも使《つか》われる
レゴブロックの
ようにいろんな形《かたち》に
できて便利《べんり》ですね
慣《な》れれば誰《だれ》でも
簡単《かんたん》に作《つく》れる。
しかも安《やす》く補修《ほしゅう》できる。
それで採用《さいよう》したんよ
アフガニスタンの
伝統的《でんとうてき》な石積《いしづ》み技術《ぎじゅつ》に
蛇籠《じゃかご》が合《あ》ったんですね
先人《せんじん》たちの知恵《ちえ》に
感謝《かんしゃ》せないかんね
現地《げんち》で安価《あんか》に手《て》に入《はい》り
現地《げんち》の人《ひと》の手《て》で補修《ほしゅう》できるもの
これが基本《きほん》!!

用水路建設を後方支援

アフガニスタンにはいろんな「現場」があった。

まず、用水路建設の仕事を簡単に説明する。現場は広大なのでいつも日本人ワーカーが一箇所に集まって仕事をしていたわけではない。第一期工事（二〇〇三～〇七）だけで用水路の長さは約一三kmにもなり、各自の持ち場があった。水門や橋などコンクリート構造物の建設は各現場に張り付きだが、植樹した木々へ水遣《みずや》りする仕事などは移動が多い。他にも測量チームや、各現場を回って日雇《ひやと》いの作業員に日当《にっとう》を支払う係もいた。ＡＣ《アコモデーション》（建設現場の資材置き場、兼スタッフの宿舎）には無線を使って重《じゅう》機《き》のアレンジをするワーカーが駐在していた。ここには先にも書いた守衛《チョキダール》やコックもいて、三度の食事を出してくれた。

仕事は土曜の朝から木曜の昼まで。木曜は「半ドン」（昼から半休）である。イスラムの国では基本的に金曜が休日で大切な安息《あんそく》日と定められており、特に男性は金曜の正午、礼拝《れいはい》所でお祈りすべきとされている。

ちなみに井戸掘りの仕事は私が赴任《ふにん》した二〇〇五年あたりから活動を縮小しており、地域の責任者へ引き渡しを進めていた。

用水路建設をサポートするジャララバード事務所の仕事は重要で、主に事務と会計に分かれていた。まずは事務の仕事から紹介する。

夏場は朝七時、冬場は朝八時にスタートする。現場と違って、始業時間は街のバザールに合わせてゆっくりしていた。

建設に必要な鉄筋、ワイヤー、セメント、レンガ、軽油、ガソリン、土嚢袋《どのうぶくろ》など大量に使う物品は、業者に頼んで建設現場まで直接運んでもらう。重機はレンタル会社からドライバー付きで雇う形だったので一番お金がかかっていた。

資材の値段は流動的なので、その都度《つど》見積もりを取り、品質をチェックした。サンプルをもらってまず現場で使ってもらい、テストに合格した品のみ正式に発注する。これはすべての資材を買うときの必須の行程である。安くて質の良い買い物を心がけるのは当然だが、一番の理由は現地社会で起こりがちな不正を防ぐためでもあった。

だからこそ日本人のワーカーは、現地人スタッフと同じ釜《かま》の飯《めし》を喰《く》らい、泣き笑いを繰り返して彼らと信頼関係を築いていくことが重要である。信頼関係は一朝一夕《いっちょういっせき》で築けるものではなく、現地のダリ語やパシュトゥ語を覚えて、彼らの愚痴《ぐち》や本音も聞きながら一緒に仕事をして、互いに敬意を持って接する心構《こころがま》えが大事だ。それは同時に彼らの文化や風習を理解することにも繋《つな》がる。誤解や失敗も繰り返す。当然、粘り強い忍耐を要する。

彼らと一緒に仕事をする上で一番大事なのが「挨拶《あいさつ》」である。相手の目を見て、「サラーム　アレイコム（あなたの上に平安が訪れますように）」と言って胸に手を当てる。一日に何度も唱《とな》える挨拶の言葉だ。そして握手や抱擁《ほうよう》を交わす。朝は何十人という人たちと挨拶を繰り返す。

挨拶するときは皆、和《なご》やかな笑顔になる。髭面《ひげづら》の男たちの人懐《ひとなつ》っこい顔を見ていると、こちらも嬉しくなり自然と笑顔になる。反対に挨拶が出来ないと彼らは「敵」と見做《みな》すので、挨拶をおろそかにする若手の日本人ワーカーがいたら注意してあげないといけない。

事務の仕事は他にも車両の手配、建設現場から運ばれてくる機械類の修理、州政府に提出する書類の作成など多岐《たき》にわたる。

アフガニスタン人スタッフとの事務所での会話はほとんど英語かパシュトゥ語やダリ語。日本人同士が話すときも、彼らの前では極力《きょくりょく》日本語を使わないようにしていた。日本語で話すと、我々が悪口を言っているのではないかと誤解するかもしれないからである。出来るだけフェアな立場で隠し事《ごと》がないようにする気遣《きづか》いも必要だ。

会計の仕事はもっと気を遣う。各現場から提出される出勤表のチェック、領収書にいい加減な記載や記入漏《も》れ、不正がないかをチェックする大事なセクションである。会計責任者はジャララバード事務所の金庫室に唯一入ることが出来る人物であり、大変に責任の重い役職である。

会計係は、誰にでも務まるわけではない。例えばアフガニスタン人の古参《こさん》スタッフＨ氏は元々、井戸掘りのエンジニアとしてＰＭＳに雇用された。井戸掘り事業の縮小と共に仕事がなくなったので、一旦彼は辞職した。しかし会計の仕事に携《たずさ》わっていた松永貴明《たかあき》さんの熱心な推薦によって、会計係として再び働くことになった。Ｈ氏の誠実で真面目な人柄が評価されたからだ。

会計の仕事が一番多忙を極めるのは給料日である。特に毎月最後の木曜日（半ドンの日）は、各現場から作業員が続々と集まってくる。給料袋を用意して待っていると、あっという間に事務所の廊下に行列ができる。髭面《ひげづら》の男たちがほくほく顔で並んでいる光景は微笑《ほほえ》ましい限りだ。

しかし、必ずここで揉《も》め事《ごと》が起きる。

「はい、お疲れ様。ここに受け取りのサインか拇印《ぼいん》を押してね」

「おいおい、何だこれ？　何で一〇〇アフガニも引かれてるんだ？」

「はい、この出勤簿を見て。この日とこの日に二回遅刻したから引いたの。分かりました？」

「いーやーだー！」

　こうして自分が遅刻したことを認めず、ああだこうだと言い逃れようとする。

「はいはい、後ろに皆が並んでいるんだから、早くサインして」

　後ろからのブーイングに不満げな顔で渋々《しぶしぶ》サインする。

「はい、次の人、ここにサインか拇印を押して」

「なんで給料がいつもより少ないんだ？」

「あなたは先月、どうしても金が要ると言って二〇〇アフガニを前借りしたでしょ？　だから今月はその分を差し引いてます」

「な、なーんでー？」

　まるでコントをやっているようなやり取りだが、給料日はこの繰り返しである。

山の診療所にも勤務

　ダラエヌール診療所は中村医師がアフガニスタンで初めて建設した自前の診療所である。その後、さらに奥地のダラエピーチやワマというところにも診療所を設けたが、二〇〇一年に始まったアフガニスタン戦争による治安の悪化のためにダラエピーチとワマの二つは現地行政に移譲せざるを得なくなった。

　唯一残ったダラエヌール診療所には日本人宿舎が併設してあり、医療スタッフと農業スタッフが寝《しん》食《しょく》を共にしていた（ダラエヌールでの農業チームの仕事については『アフガン農業支援奮闘記』高橋修・橋本康範・伊藤和也・進藤陽一郎共著／石風社に詳しく書かれているので、是非お読みいただきたい）。

　私は二〇〇七年末から一年間、この診療所で事務の仕事をしていた。ダラエヌールでの日々は、一番充実していて楽しかった印象がある。

　ペシャワールの基地病院と同じように朝礼の後、診察券を出す。外来患者たちが診察券をもらう為に診療所の窓口の前に群がる。窓口の小扉を開けると無数の手が飛び出してくる。まず私が患者の名前、性別、歳、所属する村の名前を尋ねて記入。診察券をもらった患者は、診療所の中に入ることができる。こうして毎日二〇〇人前後の外来患者の診察をする。

　医師は二、三名で対応しており、看護師も数名いた。細菌などの検査をする検査技師や薬剤師も薬局で待機している。二四時間体制で急患《きゅうかん》にも対応する。ただしダラエヌールには電気が来ておらず、ＣＴスキャンやＸ線検査などは出来ないので、ジャララバードのような大きな街の病院を勧める。

　昼までに診察を終えて昼食。午後から次の日までは急患外来。私は診察券を回収して、病名など患者のデータを記録・集計する。

　夕方から夜までの数時間だけは、ガソリンを使って発電機を動かす。その時間にノートパソコンを充電しておかなければ集計の仕事も出来ない。

　電気がないときは、ガス灯や灯油ランプを使う。ダラエヌール渓谷《けいこく》は空気が澄《す》んでいるので、夜になると月明かりに照らされた銀世界が広がる。建物の影が鋭利《えいり》な刃物のようにまっすぐ伸びて、地面に漆黒《しっこく》の闇を映し出す。

週に一度はジャララバードの街に出かけることができた。ただし午後からしか移動できないので、この日はそのままジャララバードの日本人宿舎に泊まる。この宿舎は日本人ワーカーがインターネットを使える唯一の場所なので、ペシャワールの基地病院にメールで診療内容を報告する。そして購入する薬品の数量を確認する。

宿舎ではいつも空《あ》いている部屋を使わせてもらっていた。中村医師に診療所の件で報告したり、他の日本人とも情報を交換していた。私は一宿一飯《いっしゅくいっぱん》のお礼として料理を作った。

翌日はジャララバードの会計室で薬品購入のための資金を受け取り、街の薬局を回って診療所に必要な医療器具や薬品を大量に購入する。バザールでダラエヌール診療所スタッフの一週間分の食材も購入する。

説明が前後するが、ダラエヌール渓谷は三、四千ｍ級の山々（最高峰クンド・四五二六ｍ）に囲まれた山岳地帯だ。渓谷の北部に当たる山奥はヌーリスタン民族の居住地。ダラエヌール診療所は中腹にあり、下流域はパシュトゥン民族、上流域はヌーリスタン民族という、異なる民族が併存《へいぞん》する地域なのである。

ヌーリスタンの人々は半農半牧《はんのうはんぼく》で、険《けわ》しい山の斜面に集落がある。狭い耕地に小麦を作って自給自足の生活をしているという。パシャイー語と呼ばれる独特の言語を使う。ＰＭＳの医療スタッフは共通言語としてパシュトゥ語を話すが、パシャイー語は文法も語彙《ごい》もかなり違う。ヌーリスタンから患者が来たときは、バイリンガルの医療スタッフに翻訳してもらっていた。

ちなみにこの診療所で一緒に働いていた福島県出身の紺野道寛《みちひろ》さんは語学の才があり、両方の言葉を自在に話せるようになっていた。彼の流暢《りゅうちょう》なパシャイー語を聞いたヌーリスタンの患者たちが「あの男はどこの村出身なんだ？」と訊《き》いてきたほどだった。彼は日本という遠い国の人だと種明《たねあ》かしをすると驚いていたらしい。

　ヌーリスタンの患者たちは、服装の色使いやデザインが違うのである程度は見分けがついた。特に女性たちは全身を覆うブルカ（現地の女性の伝統着）を着ず、顔を晒《さら》している点も大きく異なる。ヌーリスタンはかつてカフィリスタン（異教徒の国）と呼ばれ、一〇〇年前まではイスラム教の影響を受けない僻地《へきち》だった。

　ある日、ヌーリスタンの中年男性二人が診療所にやって来た。今まで見たこともない、河童《かっぱ》のような帽子を被《かぶ》っているので、私は彼らに興味を覚えた。どのくらいかけてやって来たのかと尋ねると、事《こと》もなげに「七時間歩き続けて来た」という。診療所の医師に彼らの診察結果を訊《き》くと「特に問題はなかったよ。健康そのものだね」と笑っていた。七時間も歩き続けられるくらいだから健康には違いないだろう。彼らのような山奥の人々は、たとえ健康に問題がなくても、ただ診察を受けるために下山してくるのだそうだ。

　ある日、心臓に疾患を持つ女の子が急患で担《かつ》ぎ込まれた。診療所内の設備では対応ができず、ジャララバードにある大きな病院へ搬送せねばならなくなった。搬送中に必要な酸素ボンベを準備していると、ボンベから酸素が漏《も》れていることが発覚した。予備のボンベで対応したが、漏れていた方のボンベも直《す》ぐに修理しなければならない。その日のうちに贔屓《ひいき》にしている薬局へ持ち込み、修理を依頼した。

　だがその後も修理から戻るたびに、ごく微量ながら酸素が漏れていて、原因を追究しても分からずじまいだった。

そして約一ヵ月後、同じ女の子がまた急患でやってきた。用意していた二本のうち一本を使い終えたので予備のボンベを出したが、何とまた壊れているではないか。毎日酸素量が減っていないかチェックしていたはずなのだが、こんな事態は予測できていなかった。

手動の酸素吸入で凌《しの》いで事《こと》なきを得たが、どうにも納得できなかった。自分の管理ミスを痛感しながらも、だんだん怒りがこみ上げてきた。直《す》ぐにジャララバードへ車を飛ばし、問題の薬局へ向かった。

私は、注意したのに直っていない理由を問いただした。ところがたわし髭《ひげ》を蓄《たくわ》えた巨漢の店主は、何度も文句を言いに来る私にうんざりした顔をする。周りの客たちも不敵な笑みを浮かべている。

「何度も注意したはずだ。それなりのお金も払っているのにどういうことだ？」

普段、ここまで怒ることはないが、この時ばかりは自分の感情を抑《おさ》えることができなかった。ゆっくり店主に近づいて行くと、それまで不敵な笑みを浮かべていた店主の顔が固まった。恐らく私の目が据《す》わっていたのだろう。付き添いのドライバーが後ろから止めに入った。

「ミスター・ダイ、やめろ！　奴を殴《なぐ》ったらややこしくなる！」

薬局の外に出ると、強烈な日差しが照りつけて一瞬、色彩を失う。怒りの感情と熱気に目眩《めまい》を覚えた。薬局の店主の無責任で人を嘲《あざけ》るような態度、真《ま》っ当《とう》な怒りが通用しないもどかしさ、自分の無力感……。この怒りをどこにぶつければ良いのかが分からなかった。用水路建設の現場も過酷《かこく》だったが、常に命のかけがえのなさ、そしてはかなさを突きつけられる日々だった。

休日の過ごし方

ジャララバードにあった宿舎には中村哲《てつ》医師を始めとする用水路建設チームと、ジャララバード事務所の日本人ワーカーが寝泊《ねと》まりしていた。

また用水路に近いダラエヌール渓谷《けいこく》にはＰＭＳの診療所や試験農場があり、ここにも医療や農業関係の日本人ワーカーが寝泊まりしていた。

日本人ワーカーが一番多かった二〇〇七年はアフガニスタン側だけで二〇人近くが働いていた。ちょうど私が赴任《ふにん》した二〇〇五年は日本人の数が増えた時期で、近所に新しく宿舎を借りることになった。それまでは一部屋に二、三人だったがさすがに部屋数が足りなくなり、新しい宿舎を借りてからは一人に一部屋あてがわれるようになった。日本人ワーカーが長期間働けるようにと快適な生活環境にしてくれた日本側の配慮が嬉しかった。

さて、イスラムの国々では基本的に金曜日が休日（礼拝《れいはい》日）である。日本では土日の二連休が基本だが、現地は木曜日が半ドン（最早《もはや》この言葉も死語だが）で昼までの半日勤務だ。

休みの日は基本的に自由であり、中村医師も部屋で休んでいた。しかし川の水位が低い冬期は貴重な工事期間であり、休日返上で現場に出ることもあった。

まだ治安が良かった時期は、ジャララバードの賑《にぎ》やかなバザールへ買い物に出かけたりするのが楽しみだった。例えば、ケバブ（串焼《くしや》き）屋である。炭火《すみび》で羊の串焼きを炙《あぶ》り、パタパタ団扇《うちわ》を振る。煙に燻《いぶ》された男がしかめ面《つら》をしながら串焼きに岩塩《がんえん》を振りかける。ムラなく肉を焼くために串を器用に束《たば》ねたり広げたりを繰り返す。羊の脂《あぶら》が熾火《おきび》の上に落ちると、「ジュゥ！」と香ばしい音を立てて再び火力が上がる。こういう職人芸は見ているだけで楽しい。

　他には牛のレバーをトマトとニンニクで炒《いた》めたものを大きな円形のフライパンに豪快に盛りつけた料理。客はその大きなフライパンを囲んで車座《くるまざ》になり、ナンと一緒に食べる。

　イスラム圏ならではの個人営業だが、ファストフードのチェーン店まである。ハンバーガーやフライドポテト、フライドチキンなども扱っている。とにかくアフガニスタン人は味にうるさい。

　あるお店ではビールやウィスキーを堂々と売っていたので驚いた。アフガン人職員に問いただすと、駐留している米兵や欧州の援助団体のスタッフが買っていくとの由《よし》。我々は暗黙《あんもく》の了解で買わないようにしていた。

　生活に必要な道具や雑貨は大抵バザールで揃《そろ》った。現地服のシャルワールカミーズを購入するときは、まず自分の好きな色や材質を決めて布を選ぶ。その布を持って仕立《したて》屋へ行き、体の寸法《すんぽう》を測ってもらう。一週間後くらいに出来上がる。既製《きせい》品が欲しければ中古のシャルワールカミーズもあるが、微妙にサイズが合わないので、やはりオーダーメイドがよい。

　時には遠出《とおで》してダムへ釣りに行ったり、ピクニックをしたりもしたが、治安が悪くなるにつれて外出するのが難しくなっていった。

　買い物を終えたら、自分の部屋で音楽を聴いたり、ＤＶＤを観たり、本を読んだりと気ままに過ごしていた。

一時期はワーカーの間で花札《はなふだ》が流行《はや》った。中毒性の高い遊びで睡眠時間を削《けず》ってまでやる者もいた（私だが）。ちなみに賭《か》け金はなし。だが、純粋に勝ち負けだけだとかえって負けたときの悔しさが増し、「もう一回！」と勝つまで続けてしまうのだった。

治安が悪くなり、街中《まちなか》へ自由に出かけられなくなると、日本人宿舎に終日こもっていることも多くなった。私は部屋の中でイラストを描いたり、宿舎の守衛《チョキダール》と一緒にお茶を飲んで話をしたり、本を読んだりしながら過ごした。日本からは手ごろな文庫本をいろいろ持参していた。

こういうときは何度読んでも飽《あ》きない本が望ましい。

私の場合、例えば語彙《ごい》が豊かでどこから読んでも愉《たの》しめる開高健《かいこうたけし》の『輝ける闇』『夏の闇』『花終る闇』など中期の代表作や『フィッシュ・オン』『オーパ！』などの釣り紀行シリーズも、自由に外出できない憂《う》さを晴らしてくれた。ただ、食ルポの『最後の晩餐《ばんさん》』は失敗であった。世界中のウマい食い物や飲み物で脳ミソがパンクしそうだった。

桂米朝《べいちょう》の落語を収めた全集本にもお世話になった。ネタは分かっているのだが、何度も読み返した。コナン・ドイルの「シャーロック・ホームズ」シリーズも全巻持って行った。

イラストを描くのも娯楽の一つだった。紙とインク、ペンさえあれば想像したものを描けるという楽しみは、どこにも出かけられない身にとって最後の娯楽だった。パチンコが好きな方などには耐えられない環境であろう。せめて酒場でもあれば慰《なぐさ》みにもなるだろうが、現地ではヨーグルトやお茶を飲んで耐えしのぐしかない。

ただ、アフガニスタンのような禁酒国でしばらく生活していると、だんだん酒を飲まなくても平気になってくるから不思議である。もちろん、日本へ帰国すると浴びるように飲んだ。帰国するときも

クラシックを愛した中村哲医師

用水路建設《ようすいろけんせつ》の担当者会議《たんとうしゃかいぎ》は
毎晩遅《まいばんおそ》くまで続《つづ》く。
突貫工事《とっかんこうじ》が多《おお》い冬場《ふゆば》は
特《とく》に会議《かいぎ》が長《なが》くなる
中村医師《なかむらいし》の部屋《へや》で
打《う》ち合《あ》わせする
こともあった
中村医師《なかむらいし》はクラシック鑑賞《かんしょう》が趣味《しゅみ》で
特《とく》にバッハやモーツァルトなどを
好《この》んでいた
W.A.モーツァルト
1756〜91
J.S.バッハ
1685〜1750
バロック期の作曲家
クラシックのCDが多《おお》いな
お、大《だい》さん
あんたも
クラシックば
聴《き》くとね?
はい!
ハチャトゥリアンの「剣《つるぎ》の舞《まい》」か
ショスタコーヴィチの
「革命《かくめい》」のような
血湧《ちわ》き肉躍《にくおど》るようなのが
好《す》きっス
クラシック界の
武闘派!!
A.ハチャトゥリアン
1903〜78
D.ショスタコーヴィチ
1906〜75
お前《まえ》、平時《へいじ》に
乱《らん》を起《お》こす
奴《やつ》じゃろ
外人部隊《がいじんぶたい》に
入《はい》れよ…
うっとり

パキスタンのイスラマバード空港でタイ・エアラインに乗るとすぐに酒を注文していた。

休日の過ごし方は人それぞれだが、気分をリフレッシュさせることは、実はとても大事な作業である。

共に働いた仲間たち

ここからは、現地で共に働いた仲間たちのことを記してみたい。

最初に紹介したいのがタジク系アフガニスタン人のモハマド・アーベッド看護師だ。彼は職員のなかでも最古参《さいこさん》の医療スタッフで、中村医師を長年支え続けてきた功労者だ。中村医師の本から引用する。

「彼が十五歳の時内戦が始まり、アフガン戦争中は衛生兵として、パンジシェールのマスード将軍*の配下にあった。前線から前線へわたりながら、多くの凄惨《せいさん》な現実を見てきた。『国境なき医師団』のフランス人は直《す》ぐいなくなり、医薬品の十分な補給もないまま従軍、外傷の手当はもちろん、下肢《かし》の切断まで自分でやった。そのうち殺し殺される殺伐《さつばつ》とした戦場が耐えられなくなった。兄弟七名のうち五名が戦死、一家を養う者がいず、彼が家計を単独で支えざるを得なくなった。ある日決心して戦線を離れ、ペシャワールに下りて来た。いくら『出稼ぎ』の目的であっても医療人としてなるべく同胞の役に立ちたいと願い、噂を聞いてＪＡＭＳ**に来たのである。ペシャワールへ下ってきた時が二十五

*パンジシェールはアフガニスタン北東部の州。大半が渓谷地帯で、マスードは同地を支配した武装勢力のリーダーだった。
**日本・アフガン医療サービスの略称。中村医師が一九八九年に創設したアフガン難民と無医村診療のための医療チーム。

歳、手先が器用で、身のこなしが優雅《ゆうが》な青年であったが、敬虔《けいけん》素朴なイスラム教徒である。私がフィールドワークの時はアーベッドがいつも従い、手術の助手として欠かせなかった」（『医は国境を越えて』石風社より）

私がアーベッドと初めて出会ったのは、ペシャワールの基地病院に勤務していたときだ。のちにダラエヌール診療所でも一緒に働くことになるのだが、彼の誠実な人柄と優しさに随分《ずいぶん》と助けられた。経験豊富で現地スタッフとの人間関係も良好、皆から一目《いちもく》置かれていた。スタッフのなかで喫煙者は私と彼しかいなかったので自然と仲良くなり、よく一緒に煙草《たばこ》を吸いながら話し込んだ。彼はあまり自己主張をせず、いつも物静かで憂《うれ》いのある表情をしていた。

昔からコーヒーも好きだったそうで、私がいつもドリップでコーヒーを淹《い》れていたのを知り、よく部屋に遊びに来てくれた。話題は家族のことが多かった。肌身《はだみ》離さず持っている家族の写真を見せながら、いろんなエピソードを聞かせてくれた。

そのうち、彼がマスード将軍の下で衛生兵として働いたころや、中村医師と出会うまでの話もしてくれるようになったが、慰《なぐさ》める言葉がないほど壮絶な話だった。彼が時折、寂しそうな顔をする理由が少しだけ理解できた気がした。

彼に限らず、アフガニスタン人は家族や部族の結束《けっそく》が固い。一族郎党《ろうとう》が助け合いながら生きている姿を見て、私も家族のあり方について考えさせられた。それまで、家族の誰かが戦乱や病で欠けることなど想像したこともなかった。

＊

ダラエヌール出身のアフガン人看護師、サルフラーズも思い出深い一人だ。彼は先に紹介したアーベッド看護師と同じＰＭＳの古参《こさん》スタッフだ。ダラエヌール診療所発足時のメンバーの一人だった。

彼と初めて出会ったのはダラエヌール診療所に向かう中村医師に同行したときだった。中村医師が、

「治安が悪くなってきたので、もし今後日本人が車両で移動するときは現地スタッフにも一緒に乗ってもらうこと。大さん、あんたにはサルフラーズを付けるけん、彼と一緒に乗りんさい」

その場で紹介されたサルフラーズは小柄《こがら》で、一見するとにこやかなおじさん。多少なりとも武道の心得《こころえ》があった私は、こんな小柄なおじさんに守ってもらうのかと、少し心外《しんがい》だった。

そんな不満げな私の胸の内を察してか、中村医師が一言《ひとこと》付け加えた。

「……あんた、すぐに命ば取られるバイ」

今思い返しても、背筋に冷たい汗が流れるような言葉だった。

サルフラーズがどれほど凄《すご》い人物であるかが分かるのに時間はかからなかった。

あるとき、近隣の村々の子供たちへのワクチン接種に出かけた。すると、村の男たちが手を額《ひたい》に当てて「コマンダーン・サーブ（指揮官様）」と言って彼に最敬礼するのである。好奇心が疼《うず》いてくる。

「サルフラーズさん、あなた、何者なんですか⁉」

彼はただ笑うだけで何も答えてはくれなかった。

のちに他のスタッフから聞いた話だが、彼はもともと地元の有力者なのだそうだ。人望も厚く、村人は親しみと敬意を込めてそんな風に呼んでいるのだという。

これは中村医師から直接聞いた話だが、中村医師が医療チームを引き連れて山岳地帯へ巡回診療に出かけたときのこと。山道を下っていると、向かいの山にいた地元のゲリラ部隊が中村医師たちのチームを敵のゲリラと勘違《かんちが》いして、ロケット弾を発射してきた。中村医師はロケットの弾道がスローモー

ションのように見えたそうだ。

「あ、こりゃ、死ぬバイ」

周りのスタッフもロケットに気づき、蜘蛛《くも》の子を散らすような騒ぎになった。

その時、中村医師の前に誰かが立ちふさがった。直後に爆風による衝撃波《しょうげきは》が襲《おそ》った。

中村医師は目を瞑《つむ》ったまま尻餅《しりもち》をついた。

「……ドクター・サーブ！　大丈夫ですか⁉」

サルフラーズだった。瞬時に中村医師の前に躍《おど》り出て、身を挺《てい》して盾《たて》となったのだ。

サルフラーズは中村医師から絶大な信頼を得、地元の部族長たちとの交渉や診療所の建設、用水路工事の現場監督など八面六臂《はちめんろっぴ》の大活躍をするようになった。

私も彼からいろんなことを教わった。

あるとき、彼と一緒に小高い丘の上から用水路の建設現場を眺《なが》めていると、

「ダイ、君がゲリラだとしよう。もし敵が来たとすれば、どこに地雷《じらい》を仕掛《しか》ける？」と尋ねてきた。

「うーん……橋の上でしょうか？」

「それでは橋が壊れてわしらも使えなくなるじゃろう」

「じゃあ、どこに仕掛けるんすか？」

「ゲリラは基本的に山の尾根《おね》を歩いて移動する。だから敵は山道に仕掛けてくるはずだ」

「そしたら、ゲリラはどうやって地雷を避《さ》けて歩くんです？」

「山羊《やぎ》を先に歩かせたり、目がいい奴を先に歩かせて知らせるんだ」

平和な日本では役に立ちそうにもない知識だが、日々、地雷の怖さと向き合っているアフガン人は

こうして年長者が年少者に生き残るための知恵を伝えているのだろう。

*

日本人ワーカーでは、兵庫県出身の近藤真一《しんいち》さんのことが印象深い。近藤さんは私より五歳年下の先輩ワーカーだった。私より数年前に赴任《ふにん》して、ペシャワールの基地病院で事務の仕事に就《つ》いていた。私が赴任したときは水門建設の監督をしており、近藤さんの下で一緒に働くことになった。

　私は夕食を終えると近藤さんの部屋にお邪魔して、彼に質問してはメモして仕事を覚えていった。近藤さんは方眼紙《ほうがんし》に水門の設計図を描き、セメントや鉄筋の数を算出していた。私は、彼が日本で土木の仕事でもしていたのかと思い込んでいたが、彼だけではなく、日本人ワーカーで土木の経験があったのはほんの数名だけだった。近藤さんも私と同じように先輩ワーカーに質問を繰り返しながら、本を読んでこの仕事を覚えたのだという。

　近藤さんは物静《ものしず》かで、初めは取っ付きにくい印象があった。こちらの質問には答えてくれるが、必要以上に語ろうとしない。だが、付き合っていくうちに次第に打ち解け始めた。いわば学究肌《がっきゅうはだ》で、いろんな考え方を何度も何度も吟味《ぎんみ》する。普段からあまり自分のことを語りたがらず、とても生真面目《きまじめ》だが、それは照《て》れ隠しであり、冗談が好きでお茶目な一面も持っていた。彼から教えられた事は多く、自分で創意工夫し、楽しみながら仕事を覚えることも彼から学んだ。

　残念ながらこの後、私は用水路の建設現場で二度も交通事故に巻き込まれ、首の鞭打《むちう》ちに苦しめられた結果、肉体労働を続けることができなくなった。当時、現場までの幹線道路は舗装《ほそう》されておらず、凸凹《でこぼこ》の道を走る車に乗っているだけで首に負担がかかり、吐《は》き気と頭痛に苦しめられた。私は近藤さんらと現場の仕事を続けたかったが、ついに中村医師に相談し、ジャララバードの事務所に異動することになったのである。

＊

長崎県出身の松永貴明《たかあき》さんはジャララバード事務所の会計係だった。彼も私より五歳年下だったが、先輩の彼からは現地スタッフとの付き合い方を学んだ。

会計の仕事はまず、お金の流れを明確にしなければならない。不正や不明を防ぐことも肝要《かんよう》だ。松永さんは不正の疑惑が出たとき、淡々《たんたん》と証拠を提示して理路《りろ》整然と質問した。大声を出して無実を訴える者もいたが、松永さんは公正な態度で臨《のぞ》んだ。実にあっぱれな対応だった。彼のような人がいるからこそ、皆が安心して働けるのである。また彼は仕事に厳しいだけでなくスタッフの生活事情をちゃんと把握《はあく》していて、冠婚葬祭での急な出費の相談にも乗り、給料を前払いにしたりと心を配ることも忘れなかった。

そんな彼が休暇で帰国するときは、私が会計の仕事を引き継いだ。ところが、あろうことか彼の留守中に重要な会計のデータを消してしまい、とんだ迷惑をかけてしまった。日本に帰国した折、酒をたらふく飲ませて詫《わ》びたのは懐かしい思い出である。

伊藤和也さんのこと

彼と初めて出会ったときのことをよく憶《おぼ》えている。

アフガニスタンへ赴任《ふにん》した二〇〇五年二月。現地でも珍しいくらいの大雪が降った。

先にも述べたが、日本人ワーカーは都市部にあるジャララバードの宿舎以外に、診療所や試験農場のあるダラエヌールにも駐在していた。

金曜日の休日、車両を出してもらってダラエヌールに行った。当時はまだ治安もそれほど悪くなく、車両での外出も許されていた。良い機会なので、まだ会っていない日本人ワーカーに挨拶をしに行こうと考えたのだ。

まずは農業チームのリーダーだった橋本康範《やすのり》さんに会って歓迎を受けた。そしてダラエヌール診療所の周辺を案内してもらった。診療所の近くにある田んぼでは子供たちが雪合戦に興《きょう》じている。こんなに雪が降るのは久しぶりだそうだ。

その雪合戦に混じっている日本人がいるのに気がついた。日に焼けて精悍《せいかん》な顔立ちである。それが伊藤和也《かずや》さんだった。

ところが、自己紹介をしたもののあまり会話が続かない。元々無口なタイプなのだろうか、終始むっとした表情に見えた。それからもいろんな現場で顔を合わせたが、特に親しく話すことはなかった。だが二〇〇七年一二月、ダラエヌール診療所に異動になってからは話す機会も増え、次第に打ち解けていった。最初こそ取っ付きにくかったが、それからの彼は実によく喋《しゃべ》った。単なる人見知りだったのだろう。

彼は試験農場での仕事を終えると日課のように私の部屋に来るようになり、コーヒーを飲みながら語り合った。ほとんどが他愛《たあい》のない話だったが、ただ情報を交換するだけではなく、現地ではそれが数少ない娯楽《ごらく》の一つだった。

日本人ワーカーには毎月「手当」が配られる。現地で生活する上で必要なお金だ。月末に現地通貨で支給されるのだが、伊藤さんはいつもこのお金でキャンディーを大量に購入していた。

彼は試験農場へ向かう前にポケットにキャンディーを忍ばせ、子供たちに配っているようだった。それを教えてくれたのは伊藤さんを農場まで送迎《そうげい》していたアフガン人ドライバーだった。子供たちは毎日農場で彼の到着を待っているという。

「あのキャンディー、子供たちに配っているの？」

伊藤さんに訊《き》いてみた。彼は照れた表情をしながら、

「いや……あれは写真を撮らせてもらうためですよ」

とぶっきらぼうに笑った。

彼は他の日本人ワーカーが病気で寝込んでいるとおかゆを作って部屋に届けてあげたり、心根《こころね》の優しい男だった。日本人ワーカーはもとより現地の人たちからも慕《した》われていた。

そして二〇〇八年八月二六日。

彼は強盗グループに拉致《らち》され、翌日遺体となって発見された。当時まだ三一歳の若さだった。

事件が起きたとき、私は日本に帰国していた。祖父の初盆《はつぼん》だったのだ。

ペシャワール会では事件後、日本人ワーカーをアフガニスタンから帰国させたが、反対に私はすぐに現地へ戻った。まだやらなければならないことが山積みだったのである。それから年末までに残務《ざんむ》処理に当たり、ようやく帰国の途《と》に着いた。

日本の伝統工法とマルワリード用水路

マルワリード用水路《ようすいろ》の取水口《しゅすいこう》(スタート地点《ちてん》)
ガガッ
HITACHI
EX200
中村《なかむら》医師《いし》自《みずか》ら重機《じゅうき》を操縦《そうじゅう》して「堰《せき》」を造《つく》る
堰《せき》
「堰《せき》」は用水路《ようすいろ》建設《けんせつ》の重要《じゅうよう》な施設《しせつ》であり日本《にほん》の伝統工法《でんとうこうほう》を取《と》り入《い》れた
筑後川中流《ちくごがわちゅうりゅう》にある堀川用水路《ほりかわようすいろ》の山田堰《やまだぜき》
福岡県朝倉市《ふくおかけんあさくらし》にある山田堰《やまだぜき》に注目《ちゅうもく》した
ほれ、地図!!
はい
福岡県 朝倉市
点線《てんせん》の部分《ぶぶん》が「堰《せき》」である。この「堰《せき》」と呼《よ》ばれる構造物《こうぞうぶつ》があるおかげで 河川《かせん》の流水《りゅうすい》を制御《せいぎょ》しながら上流側《じょうりゅうがわ》の水《みず》をかさ上《あ》げして取水口《しゅすいこう》に導《みちび》くことができる
中舟通《なかふなどおし》
土砂吐《どしゃは》き=元《もと》の河川《かせん》へ流《なが》れてゆく
上澄《うわず》みのきれいな水《みず》が取水口《しゅすいこう》から流《なが》れる
386
筑後川《ちくごがわ》
南舟通《みなみふなどおし》
山田堰《やまだぜき》は「斜《なな》め堰《ぜき》」と呼《よ》ばれ、川《かわ》の流《なが》れに対《たい》し斜《なな》めに床石《とこいし》が敷《し》き詰《つ》められている。その高《たか》さも上流《じょうりゅう》から下流《がりゅう》へ緩《ゆる》やかに傾斜《けいしゃ》している

堰《せき》を造《つく》るのにこんな岩《いわ》を川《かわ》に沈《しず》めるんですか?
もっと大《おお》きい岩《いわ》ば沈《しず》めるとよ
このくらい大《おお》きくないと
うおっ!?
でかい!!
そういえば先生《せんせい》、重機《じゅうき》の免許《めんきょ》は持《も》っているんですか?
せからしか
それを訊《き》くな!!
堰《せき》を造《つく》る前《まえ》に足場《あしば》の確保《かくほ》が肝要《かんよう》やね。川《かわ》の水位《すいい》が低《ひく》い冬場《ふゆば》にやる仕事《しごと》で川《かわ》の上流《じょうりゅう》に向《む》けて足場《あしば》のための突堤《とってい》を造《つく》る
突堤《とってい》から岩《いわ》を沈《しず》めていく
巨石《きょせき》は現地《げんち》でいくらでも手《て》に入《はい》るけんね
積《つ》んだ岩《いわ》が壊《こわ》れたらまた修復《しゅうふく》するんですか?
それなんよ
山田堰《やまだぜき》も何度《なんど》も壊《こわ》れた。人《ひと》が造《つく》ったものが自然《しぜん》の理《り》に適《かな》っていなければ壊《こわ》れるのは当然《とうぜん》
洪水《こうずい》で壊《こわ》れることもある。そのたびに人《ひと》が補修《ほしゅう》を続《つづ》けないかんとよ

例《たと》えば 堰《せき》のない状態《じょうたい》で河川《かせん》から用水路《ようすいろ》への水《みず》の流《なが》れを見《み》てみよう——
これでは水量《すいりょう》が少《すく》なく土砂《どしゃ》が入口《いりぐち》に溜《た》まりふさがれて役《やく》に立《た》たない
←用水路《ようすいろ》
堰《せき》がない
堰《せき》によって①の部分《ぶぶん》で水位《すいい》をせき上《あ》げ用水路《ようすいろ》へ水《みず》を引《ひ》きやすくする。そして土砂《どしゃ》を吐《は》き出《だ》させる工夫《くふう》もしている
②は高低差《こうていさ》により誘導《ゆうどう》する舟通《ふなどお》し③で流《なが》れを合流《ごうりゅう》させ水圧《すいあつ》を相殺《そうさい》させて両岸《りょうがん》へ水圧《すいあつ》がかからないようにする
←用水路《ようすいろ》
堰《せき》がある
『史記《しき》』の「河渠書《かきょしょ》」には蜀《しょく》の太守《たいしゅ》(地方長官《ちほうちょうかん》)李冰《りひょう》が紀元前《きげんぜん》300年《ねん》ごろに堰《せき》のシステムで治水《ちすい》したという記録《きろく》が残《のこ》っている
司馬遼太郎『街道をゆく——中国・蜀と雲南のみち』より
現代《げんだい》では電動《でんどう》や油圧《ゆあつ》ポンプなど近代的《きんだいてき》な堰《せき》が多《おお》い
中村先生《なかむらせんせい》この電動式《でんどうしき》のほうが簡単《かんたん》でいいですね
ひゅ〜
電気《でんき》がある国《くに》ならな
だがその費用《ひよう》はどうするんだ?
そっかぁ…
電力《でんりょく》がなくてもちゃんと役《やく》に立《た》っておるよ。ほれ
?
ここが取水口《しゅすいこう》だ
ここから水《みず》が入《はい》るんですか?

堰《せき》のはたらき
①の流《なが》れに水《みず》を誘導《ゆうどう》。水門《すいもん》で流《りゅう》入量《にゅうりょう》を調節《ちょうせつ》することで季節《きせつ》による増減《ぞうげん》に関係《かんけい》なく一定量《いっていりょう》の取水《しゅすい》が可能《かのう》
②土砂吐《どしゃば》きによって土砂《どしゃ》が取水口《しゅすいこう》にたまらないよう排出《はいしゅつ》する
③④は水《みず》の流《なが》れを分割《ぶんかつ》して洪水《こうずい》時《じ》に堰《せき》や対岸《たいがん》を守《まも》ったり、不用《ふよう》の水《みず》を本流《ほんりゅう》に戻《もど》す役割《やくわり》も果《は》たす
④
中州
③
①
堰
②
斜め
←アベ・マルワリード用水路
クナール河
堰
旧中州
堰
カシコート用水路
増水時に水か流れる
自然砂州
のちに対岸《たいがん》のカシコート用水路《ようすいろ》の取水口《しゅすいこう》を造《つく》る際《さい》に対岸《たいがん》まで堰《せき》を拡張《かくちょう》した
大雨《おおあめ》や洪水《こうずい》の時《とき》は――
水《みず》かさが上《あ》がりすぎて用水路《ようすいろ》にも大量《たいりょう》の水《みず》が入《はい》りませんか?
にやり
ざっぱ〜ん、と
お、具体的《ぐたいてき》な質問《しつもん》になったね
この鉄製《てっせい》の車輪《しゃりん》はかつて井戸《いど》の汲《く》み上《あ》げにも使《つか》ったものだ
紐《ひも》を巻《ま》き上《あ》げるんですか?
?
もともと木製《もくせい》だったのを我々《われわれ》は鉄製《てっせい》にした。ホックにひっかけてくれ
OKっす

ガチッ
おおっ!!
ザザザッ
この水門《すいもん》の堰板《せきいた》は水位《すいい》の高低差《こうていさ》に対応《たいおう》して簡単《かんたん》に取《と》り外《はず》しできる
水《みず》に強《つよ》いマツ科《か》のヒマラヤ杉《すぎ》を使用《しよう》。鉄板《てっぱん》をナットで固定《こてい》してフックを取《と》り付《つ》けている
横《よこ》 1200〜1600mm
縦《たて》 200mm
厚《あつ》さ 50mm
従来型《じゅうらいがた》の水門《すいもん》では自然《しぜん》の水位《すいい》がそのまま取《と》り込《こ》まれる。洪水《こうずい》のたびに土砂《どしゃ》が流《なが》れ込《こ》んだ
水圧《すいあつ》も加《くわ》わって開閉《かいへい》できないでしょう?
我々《われわれ》の方式《ほうしき》では取水門《しゅすいもん》の底部《ていぶ》を板《いた》でせき止《と》めて上水《うわみず》だけ取《と》り込《こ》むから土砂《どしゃ》が入《はい》るのを防《ふせ》げる。堰板《せきいた》を着脱《ちゃくだつ》すれば取水量《しゅすいりょう》も調節《ちょうせつ》できる
従来型《じゅうらいがた》
PMS型《がた》
積《つ》み重《かさ》ねる堰板《せきいた》の数《かず》で取水量《しゅすいりょう》を調節《ちょうせつ》できる
先《さき》ほどの質問《しつもん》ですが…洪水《こうずい》の時《とき》はこの板《いた》は水圧《すいあつ》に耐《た》えられるんですか?
うん その答《こた》えが二重堰板方式《にじゅうせきいたほうしき》なんよ
水門《すいもん》を前後《ぜんご》に二列《にれつ》にしたのは堰板《せきいた》の間《あいだ》に貯水槽《ちょすいそう》を設《もう》けて水圧《すいあつ》を相殺《そうさい》し堰板《せきいた》が折《お》れるのを防《ふせ》ぐ役割《やくわり》がある
前
後
アフガニスタンにこれまでなかった工法《こうほう》なんですね!

灰皿と恐竜

話題は変わってマルワリード用水路を建設していたころの話。

中村医師の部屋で打ち合わせを終えて一服《いっぷく》していると、見慣れない赤茶けた素焼《すや》きの器《うつわ》を見かけた。

私がじっとその器を見ているのに気づいた中村医師が、手に取って説明してくれた。

「（用水路ルートの）岩盤《がんばん》をユンボで掘削《くっさく》しとったら、昔のバクトリア朝の祭壇《さいだん》にぶつかってね。いろんな土器やらが出てきたんよ」

かつてのアフガニスタンはアレキサンダー大王のアジア東征後、ギリシャ人によるグレコ・バクトリア王国が支配していた。このバクトリアという地名は主にアフガニスタン北部を指すものだが、我々が活動したアフガニスタン東部にもその影響があったようだ。

「現地のスタッフがいくつか土器をくれてね。灰皿にちょうど良かけん使いよるとよ」

中村医師の部屋には、他にもいくつかの土器が無造作《むぞうさ》に置かれていた。

グレコ・バクトリア朝と言えば紀元前三世紀の話である。つまりキリスト生誕以前の話であり、いずれも博物館で保管されるような品々だ。この器一つだけでも、果たしてどれだけの値がつくのだろうか？　考古学者が見たら驚喜《きょうき》するだろう。驚きを超えて言葉にならなかった。そんな私の様子を見て中村医師は、

「そげん気に入ったんなら、ひとつあげようか？」

「はいっ！」

即答である。さぞかし物欲《ものほ》しげな顔をしていたに違いない。

しかし、博物館に収蔵するような貴重な器を灰皿代わりにしてしまう中村医師もすごい。世俗の価値観に惑《まど》わされない人なのだ。

そんな歴史ある（?）現場だが、もっと桁外《けたはず》れの遺物があった。

ある日、新規の井戸を掘削している現場で話をしているとアフガン人スタッフが、

「ミスター・ダイ。あの山の麓《ふもと》にダイナソーの化石があるんだ。見てみたいか？」

という。こんなところで恐竜の骨に遭遇《そうぐう》するなんて信じられなかった。

現場に到着すると、岩肌がこんもりと盛り上がり、何かが地中に埋まっているように見える。近づいて見ると、確かに動物の化石のようだ。色は黒く、地表に出ている骨の大きさから推測して全長一五メートルにはなるだろう。草食か肉食かは分からないが、大きな背骨から左右にあばら骨が伸びているのがわかる。

「山のほうではよく見つかるみたいだね」

その口ぶりからするとあまり珍しいことではないようだった。今思えばカメラを持参していなかったのが残念でならない。

灼熱! ガンベリ沙漠

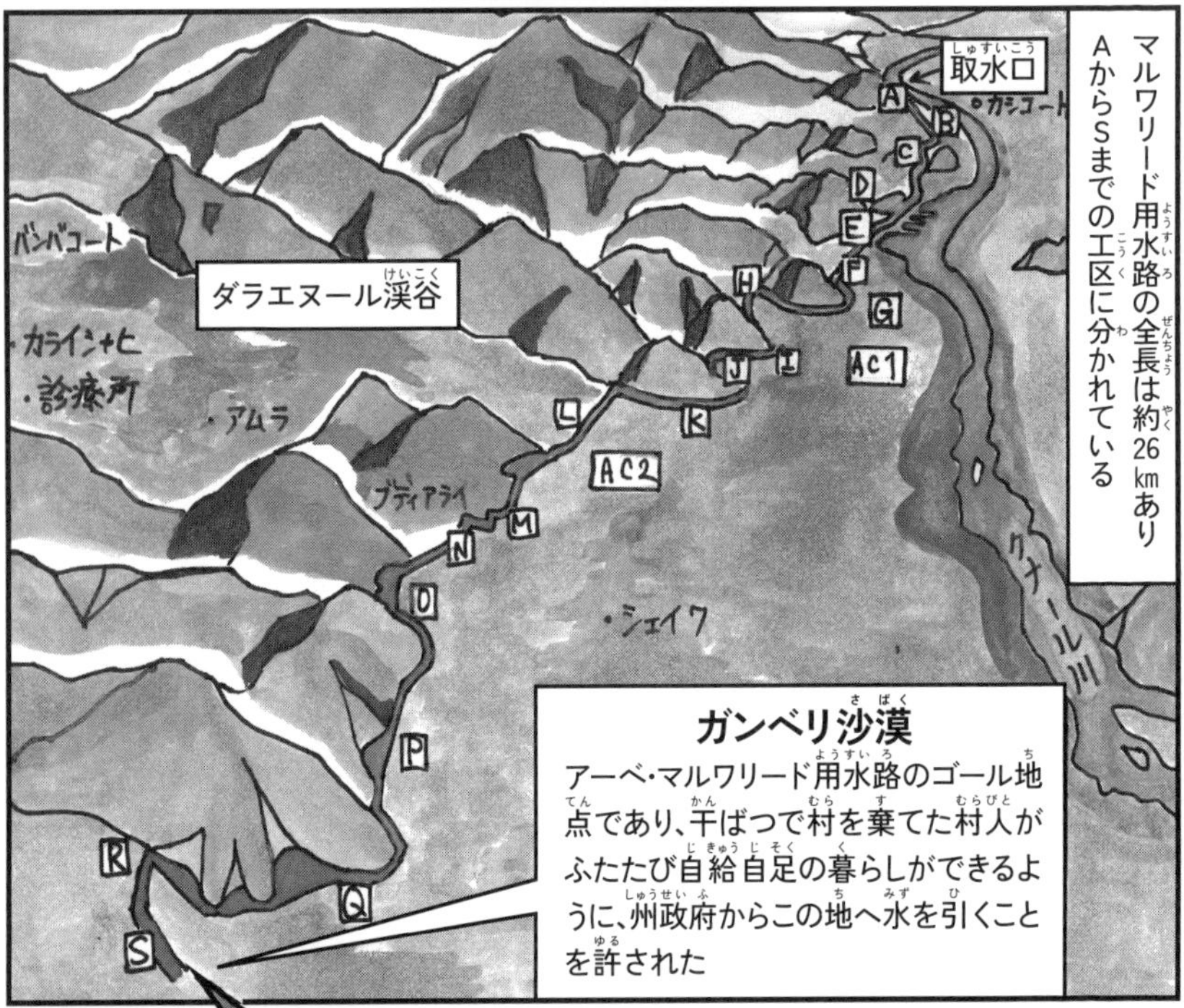
マルワリード用水路《ようすいろ》の全長《ぜんちょう》は約《やく》26㎞あり Aから Sまでの工区《こうく》に分《わ》かれている
取水口《しゅすいこう》
カシコート
バンバコート
ダラエヌール渓谷《けいこく》
診療所
アムラ
ブディアライ
シェイワ
クナール川
ガンベリ沙漠《さばく》
アーベ・マルワリード用水路《ようすいろ》のゴール地《ち》点《てん》であり、干《かん》ばつで村《むら》を棄《す》てた村人《むらびと》がふたたび自給自足《じきゅうじそく》の暮《く》らしができるように、州政府《しゅうせいふ》からこの地《ち》へ水《みず》を引《ひ》くことを許《ゆる》された

用水路《ようすいろ》建設前《けんせつまえ》の測量《そくりょう》（2005年夏《ねんなつ》ごろ）
あ、暑《あつ》い……

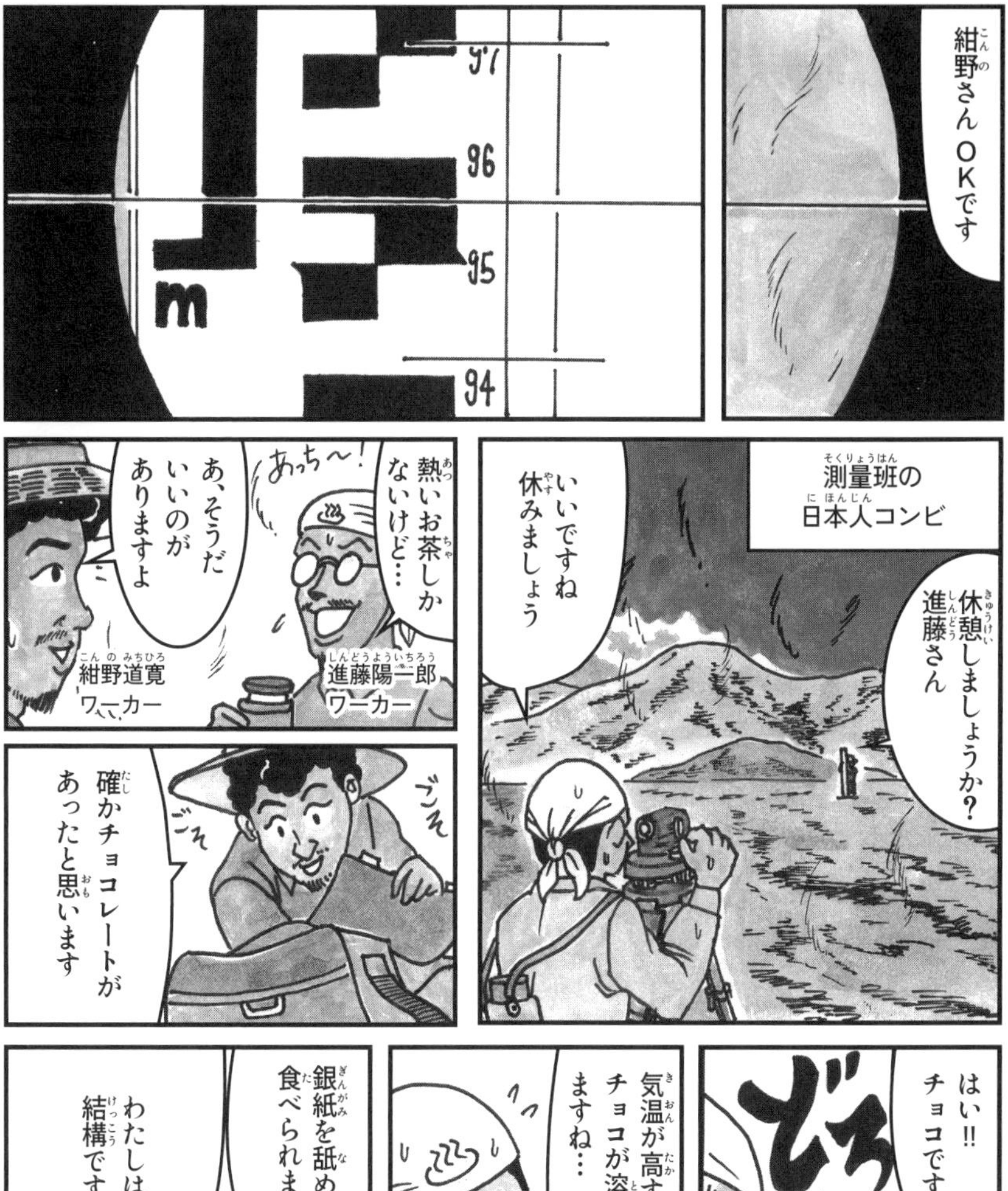
紺野《こんの》さんOKです
測量班《そくりょうはん》の日本人《にほんじん》コンビ
休憩《きゅうけい》しましょうか？進藤《しんどう》さん
いいですね休《やす》みましょう
熱《あつ》いお茶《ちゃ》しかないけど…
あっち〜！
あ、そうだいいのがありますよ
進藤陽一郎《しんどうよういちろう》ワーカー
紺野道寛《こんのみちひろ》ワーカー
ゴソ
ゴソ
確《たし》かチョコレートがあったと思《おも》います
はい!!チョコです
どろっ
気温《きおん》が高《たか》すぎてチョコが溶《と》けてしまってますね…
銀紙《ぎんがみ》を舐《な》めたら食《た》べられますよ
わたしは結構《けっこう》ですっ
ぞわぞわ〜

〝死の沙漠〟で見た奇跡

二年のブランクを挟み、二〇一〇年から再びアフガニスタンで働けることになった。この時はガンベリ沙漠の開拓農場の仕事にも従事させてもらった。

この広大な沙漠にマルワリード用水路が到達し灌漑《かんがい》が始まったのは二〇〇九年。沙漠は農業に向かないのではと思われるかもしれないが、数メートル掘ったら農業するのに十分な土が出てきた。かつてこの地に街があって人々が暮らしていたという伝説があることを中村医師から聞いていたが、やはり本当かもしれない。

出発する前には農業の本を買い込んで勉強した。中村医師からは「仕事は泥だらけになって覚えろ、知識はあとから身につく」と言われていたが、自分にできる準備はやっておきたい。

ところが本に書いてある内容を鵜《う》呑《の》みにしてしまった私は、アフガニスタン人スタッフと意見が衝突《しょうとつ》してしまった。今思えば当然のことだが、この地で何百年と営みを続けている彼らのやり方のほうが理にかなっていたのに、本の知識だけで理解したつもりになっていたのだ。彼らからすれば、私は自分の手を汚さずに偉そうに農業の講釈《こうしゃく》をたれる外国人と映っていたはずだ。

だが私は直《す》ぐに自分の失敗を認めることが出来なかった。くだらないプライドで謙虚になることを忘れてしまっていた。

中村医師は、私と現地スタッフとの関係がうまくいっていないことを伝え聞いたのだろう、ある日、部屋に呼ばれた。私は、すがる思いで悩みを打ち明けた。

「本を読むのを止《や》めて、彼らから農業を学ぶようにしなさい」

私は、読みかじっただけの知識に執着していた頭でっかちの自分に気がつき、ただただ反省するほかなかった。

当時は治安の問題で毎日出かけることは出来なかったが、作物を試験的に数種類育てて生育状況を写真に収め、収穫量と生産性を記録していた。

例えばスイカ。アフガニスタン、パキスタン、日本、中国、アメリカの五種類の種を準備して、この過酷《かこく》な環境に耐えうるかを実験した。アフガニスタン種やパキスタン種は順調に育って味も良かった。こちらのスイカは日本のように丸くなく、フットボールのような紡錘《ぼうすい》形をしているのが特徴だ。味や色は日本のスイカと変わりないが、外皮《がいひ》の縞々《しましま》模様はなく深緑の単色である。

一方、アメリカ種のスイカは育つことなく苗が腐ってしまった。中国種のスイカは小さく実を付けたが爆発してしまった。あまりに見事な割れようだったので、誰かが悪戯《いたずら》で割ったのかと思うほどだった。日本のスイカはというと、形は丸だが縞々が消えてアフガニスタン種のように緑一色になるなど面白い結果を得られた。

収穫したスイカは現地人のスタッフに食べ比べしてもらった。病気にも強く味も良かった品種は種を保管して来年に備える。

堆肥《たいひ》も作った。水路建設現場のＡＣ《アコモデーション》（資材基地）のコックに事情を話し、スタッフの食べ残しをもらって利用した。春になったらゲンゲ草やアルファルファなども緑肥《りょくひ》として使えるか試験栽培を試みた。冬期は畑の窒素《ちっそ》を増やすために大豆を植えるなどの工夫を加えては記録を取った。

小動物問題にも悩まされた。彼らも生きるために必死である。辛子《からし》や煙草《たばこ》のヤニを水に溶《と》いてネズミが畑に来ないようにスプレーで散布するなどいろんなアイデアを試した。ビニールシートを張って、畑の周りに堀を巡らせるなどの対策も試みたが、モグラ叩きのように次から次へと被害が発生した。

他にも落花生《らっかせい》や木綿、小麦、米などを育てた。収穫した作物は臨時ボーナスとしてスタッフにも配って皆で祝った。乾燥に強い柑橘《かんきつ》系の木や植樹用の木などもこの試験農場で育てられていた。のちには畜産や養蜂《ようほう》、サトウキビなど、さらに多様化していった。

自給自足できる生活ほど強いものはない。

特に水田を見たときには信じられなかった。日本で見慣れた稲穂《いなほ》が風に揺れ、オタマジャクシが泳ぎ、鳥がそれを食べに来る。涸れ果てた大地に生態系が復活していくのを目《ま》の当たりにした。

中村医師の報告書には、このガンベリ沙漠は気温がひときわ高く、地元民が「ここは死の土地だ」と話しているのを聞いたと記している。「ガンベリのように乾いて喉《のど》が渇《かわ》く」などと日常会話のなかで比喩《ひゆ》に使われるほどの灼熱《しゃくねつ》地獄だったのだ。

ところが用水路が延びてこのガンベリでの灌漑が始まると、信じられないことにわずか数年で緑地に変化していった。自分で同じ場所で写真を撮って記録していたが、わが目を疑うほどの経年変化だった。

水は生命そのものである。水がなければ生物は生きていけないということを、実際に肌で感じた。旧約聖書で語られる天地創造の物語が、実際に目の前で展開しているようだった。私のこの驚きと感動を、どう伝えたら良いのだろう。

特定の宗教を信仰しているわけでもないが、このアフガニスタンで生活していると、目に見えない神聖な「何か」を感じざるを得なかった。

アフガニスタンの暑さ

あなたは気温《きおん》50度《ど》の暑《あつ》さを
体験《たいけん》したことがあるか？
アフガニスタンでは
4月《がつ》から8月《がつ》ごろまで
猛暑《もうしょ》が続《つづ》く
気温《きおん》が高《たか》くて倒《たお》れる者《もの》も出《で》るため
夏《なつ》は作業時間《さぎょうじかん》を短縮《たんしゅく》している
初《はじ》めて見《み》た……
50 40 30 20 10 0 -10 -20
50 40 30 20 10 0 -10 -20
早朝《そうちょう》の4時《じ》に宿舎《しゅくしゃ》を出《で》る。
水路建設《すいろけんせつ》の仕事《しごと》は昼前《ひるまえ》に切《き》り上《あ》げる
だんだん暑《あつ》くなってきたぞ
朝《あさ》のうちに仕事《しごと》を終《お》わらせなければ……
乾燥《かんそう》しているので 日陰《ひかげ》に入《はい》れば
暑《あつ》さをしのぎやすい
虫《むし》も大変《たいへん》だな…
ひぇー
水滴《すいてき》を扇風機《せんぷうき》で飛《と》ばすと涼《すず》しくなる
上の箱に水を入れ少しずつ水滴をおとしてプロペラで吹き飛ばす。
部屋の外に設置する
気化熱《きかねつ》を
利用《りよう》しているね

夜《よる》は電気《でんき》がないので水《みず》をかぶって服《ふく》を濡《ぬ》らす
ひゃーっ
濡《ぬ》れた服《ふく》が乾燥《かんそう》するとき気化熱《きかねつ》で身体《からだ》が涼《すず》しくなるのだ
ひんやり
チョキダール(守衛《しゅえい》)は警備《けいび》のために外《そと》で寝《ね》る
どうやって寝《ね》るの?
蚊帳《かや》の中《なか》で寝《ね》るので快適《かいてき》だという
外《そと》は涼《すず》しいからのぉ
こりゃいいね
チョキダールは冬《ふゆ》も外《そと》で寝《ね》る
冬《ふゆ》は12月《がつ》から2月《がつ》くらい。氷点下《ひょうてんか》になる日《ひ》もある
雪《ゆき》の降《ふ》る中《なか》でも熟睡《じゅくすい》していた
くーくー
凍死《とうし》しないのか?
アフガン人《じん》の基礎体力《きそたいりょく》の高《たか》さに驚《おどろ》く
ふんまだ若者《わかもの》には負《ま》けんぞ
ふんっ
アメリカでも勝《か》てないわけだな……

終章

川《かわ》筋《すじ》者《もん》

＊2010年1月、カマ取水口の通水を見守る中村哲医師（左）

ここまで読《よ》んでくださり
ありがとうございます
２０２１年《ねん》の
年末《ねんまつ》に取材《しゅざい》
しました
ここからは 勉強《べんきょう》のため訪《おとず》れた
山田堰《やまだぜき》の話《はなし》を書《か》きます
福岡県朝倉市《ふくおかけんあさくらし》にある山田堰《やまだぜき》を管理《かんり》している
「水土里《みどり》ネット山田堰《やまだぜき》」の代表《だいひょう》
徳永哲也《とくながてつや》さんに話《はなし》をうかがいました
ようこそ
朝倉市《あさくらし》へ
あれは夏《なつ》の
とても暑《あつ》い日《ひ》
でした
中村哲医師《なかむらてついし》
3時間《じかん》も
ずーっと
観察《かんさつ》して
おられたとですよ
3時間《じかん》も
ですか？
日本《にほん》へ帰国《きこく》されるたびに
山田堰《やまだぜき》へ来《き》ては
観察《かんさつ》をくりかえして
おられました
私《わたし》も２０１８年《ねん》に中村先生《なかむらせんせい》と
アフガニスタンへ行《い》きました
実際《じっさい》に用水路《ようすいろ》を
ご覧《らん》になって
いかがでした？

マルワリード用水路《ようすいろ》とのちに手《て》がけた
カマ用水路《ようすいろ》の二《ふた》つの堰《せき》も見《み》ました
特《とく》にカマに造《つく》った堰《せき》は
「PMS方式斜《ほうしきなな》め堰《ぜき》」の完成形《かんせいけい》です
堰《せき》
取水口《しゅすいこう》
河岸線《かがんせん》と護岸《ごがん》
カマI 取水口《しゅすいこう》
カマII 取水口《しゅすいこう》
すごい!! この堰《せき》は 山田堰《やまだぜき》の 技術《ぎじゅつ》の 集大成《しゅうたいせい》だ
そう言うと 中村先生《なかむらせんせい》は ニコニコして 喜《よろこ》んでいました
中村先生《なかむらせんせい》が手《て》がけた堰《せき》と 山田堰《やまだぜき》のどこが 似《に》ているんでしょう?
?
PMS方式《ほうしき》の斜《なな》め堰《せき》は河道《かどう》に巨礫《きょれき》を敷《し》き詰《つ》めてせき上《あ》げ、河《かわ》の流《なが》れに対《たい》して石張《いしば》りを斜《なな》めに湾曲《わんきょく》させて越流幅《えつりゅうはば》を広《ひろ》くとっているのが特徴《とくちょう》
上流《じょうりゅう》
下流《かりゅう》
※『アフガン・緑の大地計画〜伝統に学ぶ灌漑工法と甦る農業』(PMS & ペシャワール会)を参照
・増水時《ぞうすいじ》の高水位《こうすいい》への対策《たいさく》として上流側《じょうりゅうがわ》から河道《かどう》を分割《ぶんかつ》して傍流《ぼうりゅう》をつくる
・護岸《ごがん》への影響《えいきょう》を避《さ》けるため、堰《せき》を越《こ》えていく水《みず》の流《なが》れを河《かわ》の中心《ちゅうしん》に集《あつ》め、護岸《ごがん》や対岸《たいがん》に水圧《すいあつ》がかかりすぎるのを防《ふせ》ぐ
河道分割《かどうぶんかつ》
土砂吐《どしゃば》き
中州《なかす》
カマ第《だい》1堰《ぜき》
中村先生《なかむらせんせい》は山田堰《やまだぜき》から ヒントを得《え》て アフガニスタンの地《ち》で さらに進化《しんか》させたんです
そして、中村先生《なかむらせんせい》の 大切《たいせつ》なメッセージが 堰《せき》そのものに込《こ》められて いるように思《おも》えてなりません

いま一度《いちど》 山田堰《やまだぜき》の構造《こうぞう》を例《れい》に説明《せつめい》しましょう その答《こた》えがわかります
お願《ねが》いします
堰《せき》は水《みず》かさを上《あ》げて取水口《しゅすいこう》へ水《みず》を導《みちび》きやすくする重要《じゅうよう》な構造物《こうぞうぶつ》
増水時《ぞうすいじ》は堰《せき》の上《うえ》を水《みず》が越《こ》えていくんですね!
ここで大事《だいじ》なのが「必要《ひつよう》な分《ぶん》だけ取《と》り不必要《ふひつよう》な水《みず》は川《かわ》へ返《かえ》す」という点《てん》です
人《ひと》の欲《よく》は際限《さいげん》がなく不必要《ふひつよう》な分《ぶん》まで取《と》りつくす。中村先生《なかむらせんせい》はこの堰《せき》から
自然《しぜん》と人《ひと》との関《かか》わり方《かた》の答《こた》えがあるとおっしゃってます
採用《さいよう》した技術《ぎじゅつ》は図《はか》らずも先人《せんじん》たちの労苦《ろうく》の追体験《ついたいけん》になった
決《けっ》して懐古趣味《かいこしゅみ》ではない
おそらく中世《ちゅうせい》日本《にほん》の農村《のうそん》もまた人口増加《じんこうぞうか》と重《おも》い年貢《ねんぐ》、戦乱《せんらん》、渇水《かっすい》や洪水《こうずい》による飢饉《ききん》が日常《にちじょう》のなかで
「生《い》きる技術《ぎじゅつ》」が生《う》まれたのだろう。それは生死《せいし》をかけた血《ち》と汗《あせ》の結晶《けっしょう》であることをこの仕事《しごと》を通《とお》して知《し》った

それは、人《ひと》が自然《しぜん》と共存《きょうぞん》する道《みち》の発見《はっけん》でもあった
国土《こくど》を省《かえり》みぬ無責任《むせきにん》な主張《しゅちょう》、
華《はな》やかな消費生活《しょうひせいかつ》への憧《あこが》れ
終《お》わりのない内戦《ないせん》、襲《おそ》いかかる温暖化《おんだんか》による干《かん》ばつ
終末的《しゅうまつてき》な世相《せそう》の中《なか》で、アフガニスタンは何《なに》を啓示《けいじ》するのか——
見捨《みす》てられた小世界《しょうせかい》で心温《こころあたた》まる絆《きずな》を見出《みいだ》す意味《いみ》を問《と》い
近代化《きんだいか》のさらに彼方《かなた》を見《み》つめる※

※（『希望の一滴』西日本新聞社より）

中村哲《てつ》医師の死

二〇一九年十二月四日。奇《く》しくも私の誕生日だった。

現地ワーカーの任を離れた後、私は福岡市の郊外にある小さな町で日本語学校の講師として働いていた。家族や友人たちが朝からメールや電話で誕生日を祝ってくれた。

午後の休憩時間、教務室で同僚と冗談を言い合いながらコーヒーを飲んでいると、スマートフォンが点滅しているのに気がついた。また友人からのメールかなと思いチェックすると、

「中村医師がアフガニスタンで襲撃された模様だ。すぐに確認をした方が良いのでは？」

思わず「えっ!?」と声が漏《も》れた。

パソコンでニュース速報を見ると、報道各社が中村医師の事件を伝えている。だがニュースは襲撃の事実を知らせるのみで、安否《あんぴ》については触れられていなかった。少なくともまだ中村医師は生存している可能性がある――。私は一縷《いちる》の望みをかけた。

しかし同時に、二〇〇八年に起きた伊藤和也《かずや》さんの事件を思い起こした。先に述べたように、伊藤さんは日本人ワーカーとして共に働いた仲間だ。あの日も、日本へ伝わる情報が錯綜《さくそう》した。一時は身《み》柄《がら》が解放されたという誤報も流れた。

私は当時、祖父の初盆《はつぼん》のため帰国しており、日本でテレビを通じて無事を祈ることしかできなかった。福岡のペシャワール会の本部事務局から、現地のスタッフが伊藤さんの遺体を確認したと連絡が

入った時、初めて深い悲しみに襲われた。

現地のアフガニスタン東部は、地元警察も迂闊《うかつ》に近づけない部族社会である。場合によっては、警察や州政府など公共機関による情報より、地元の人の話の方が信用できるケースもある。何より、共に働いた現地スタッフからの報告は一番信用できる情報だった。今回の事件も、共に働いた現地スタッフからの情報以外は信用しないようにした。

夕刻になってペシャワール会の事務局で再び記者会見が開かれ、中村医師が救急搬送の途中で息を引き取ったことが伝えられた。私は、中村医師の死を受け入れざるを得ないことを悟った。

実の父親が亡くなったときでも涙を流さなかったのに、中村医師が亡くなったときは涙を止めることができなかった。

その後の授業は仕事にならなかった。授業が始まると外国人の生徒たちが私の異変に気づいて、心配そうな顔をした。

実は以前、課外授業の時に中村医師のドキュメンタリー番組を見せたことがあった。バングラデシュ、ネパール、スリランカ、ヴェトナムから来た生徒たちは、大干《かん》ばつや戦禍《せんか》で苦しむアフガニスタンの人々をどう思うだろうか。番組を見せたあと感想文を書いてもらったが、皆が中村医師の活動に感銘を受けていた。テレビ画面に食い入《い》るような真剣な姿が印象的だった。

「皆さん、ドクター中村のことを覚えていますか？」

「はい、先生。覚えています」

「今日、ドクター中村が亡くなりました」

「ええっ!?」

彼らもかなりショックを受けた様子だった。

その日の授業はテストの答え合わせをするはずだったが、中村医師の話を聞かせて欲しいという生徒の希望を容《い》れて、早めに終わらせて中村医師の話をした。

中村医師のご遺体が福岡空港に到着した二日後、福岡市内で葬儀が営まれた。葬儀会場まで向かう途中、いろんな思い出が蘇《よみがえ》り、涙が溢《あふ》れ出て感情がコントロールできない。思い出そうとする気持ちを抑えるため、握っていた手を解くようなイメージをしながら深呼吸をして何とか気持ちを落ち着けた。

葬儀には、現地で共に働いた日本人ワーカーたちも集結していた。アフガニスタンから中村医師の遺体に同行してきたジア医師と水路エンジニアのディダール技師も到着した。共に無言の抱擁《ほうよう》を交わす。

襲撃の時、中村医師の護衛にあたっていたガードマンの四人と中村医師専属のドライバーだったザイヌッラー君の遺影も並べられている。文字通り命を賭《か》けて中村医師を守り続けてきた男たちだ。彼らにも家族がいて、同じように嘆《なげ》き悲しんでいるだろう。

中村医師の棺《ひつぎ》へ近づく。久しぶりに拝見するお顔は、どこか疲れているような印象だった。瞬時に昔の情景が想い起こされた。ジャララバードの日本人宿舎で寝食《しんしょく》を共にしていたころの思い出だ——。

食事の準備を終えて、二階の中村医師の部屋のドアをノックする。返事がない。

ドアを開けて声をかけると、中村医師は布団も出さず、カーペットの上で横になって眠っておられる。そのまま寝かせておいた方が良いのか、あとで打ち合わせもあるので起こしたものかと逡巡《しゅんじゅん》している私に気づいて、ボサボサ髪のまま起き上がる。

「ああ……大《だい》さんね。飯ができたと？　うん、わかった。今行く……」

私は棺の前に立ち尽くしたまま、眠そうに答えられる中村医師の顔を思い出した。

「誰もが成《な》し得ない、困難なお仕事を続けられましたね。数年間でしたが、あなたの側《そば》で働かせて頂いたことは人生の誇りです。大好きだったＰｅａｃｅ《ピース》の煙草《たばこ》を心ゆくまで存分に吸ってください。そしてゆっくりお休みください。本当に今までお疲れ様でした」

葬儀が終わり、ジア医師や他の日本人ワーカーＯＢたちと共に霊柩車《れいきゅうしゃ》まで棺を担がせてもらった。

会場の外では参列された方々が涙を流しながら拍手をしていた。不謹慎《ふきんしん》な表現だが、映画のワンシーンを見るようだった。

地元民放の追悼番組でもこの様子が流され、ペシャワール会の会誌から中村医師の言葉が引用された。

本来の素朴な正義感や思いやりを
理屈の中で変質させてはいけない。
「それぞれのペシャワール」へ向けて
良心の実弾をぶち込め。
そうして
支え合いの中に
身を失うことによって

得る恵みの
いかに大きいかを
知らねばならぬ。

ちょうど出棺《しゅっかん》するとき、西の空を落日が赤く染めた。

その刹那《せつな》、息をのむほど美しい極楽浄土《じょうど》の光が差し込んだような錯覚があった。

「川《かわ》筋《すじ》者《もん》」の血

中村哲《てつ》という人は、一体自分にとってどんな存在だったのか？

今も思い出す情景がある。

日本人ワーカら数名が中村医師を囲み、用水路の建設現場で昼食をとっていた。休憩を兼ねてミーティングをするので、自然と中村医師の側《そば》に皆が集まってくるのだ。

ミーティングのあとに皆から離れて一服《いっぷく》した。眼下《がんか》には用水路がゆったりと流れている。実によい眺《なが》めだ。

「大さん、煙草《たばこ》持っとらんね？」

振り向くと中村医師がおられた。

「もう一箱持って来とりますから、どうぞ」と鞄《かばん》の中から煙草を取り出してお渡しした。別の日本人ワーカーもやって来たので、煙草を渡す。

三人で並んで水路を眺めながら一服する。

「うん、やっぱり用水路を眺めながら吸う煙草は格別やね」

中村医師は実に旨《うま》そうに紫煙《しえん》をくゆらす。

「ええ、格別ですね。私もアフガニスタンに来て、アフガン人達と一緒に汗水たらして働いて、同じ釜《かま》の飯《めし》を喰《く》らうなんて、日本にいるときには想像もしなかったですね」

すると中村医師が、私の顔を見ながら尋ねられた。

「懐かしかろ？」

そう言われて、一瞬戸惑《とまど》った。

——何が、「懐かしい」のか。

このアフガニスタンの情景と繋《つな》がる、自分にとっての懐かしい情景を考えてみた。故郷である福岡県筑豊地方の情景が思い浮かんだ。私は石炭産業で栄えた筑豊地方の中核都市・飯塚《いいづか》で生まれ、幼い時期をここで過ごした。私は、遠賀《おんが》川の河川敷《かせんじき》に咲くコスモスの花を思い浮かべた。

「ええ、懐かしいですね」

そう答えると、中村医師は破顔《はがん》した。

「そうやろ！　うん、うん、そうなんよね」と何度も嬉しそうに頷《うなず》いていた。

その場にいた日本人ワーカーがあとで質問してきた。

「先ほど中村先生の質問に、大さんは『懐かしい』と返してましたよね？　あれはどういう意味だったんですか？」

ああ、そうか。分かったのは私だけだったのか……。

中村医師の中には、間違いなく「川筋者《かわすじもん》」の血が脈々と流れているんだ。私はそう思った。

「川筋者」とは何か。分かりやすい説明を引用する。

「筑豊の風土と人情を象徴する『川筋気質』という気質は、キビキビし、ぐだぐだ言わず、竹を割ったような性格を好み、宵越《よいごし》の金を持つのは男の恥とする。遠賀川流域に暮らす人々が『喧嘩《けんか》・博打《ばくち》・酒を川筋に咲く三つの花』という川筋船頭《せんどう》に一線を引いて、『川筋のもん（者）』という言い方から発展して川筋気質になったといわれている。（中略）

九州の片田舎を天下の江戸と比べるのもおこがましいが、筑豊も江戸の下町も地方から人が集まったところで、両者に共通するのは共同生活を営む庶民の長屋《ながや》文化があったことだ。長屋があるところ共同炊事場ありで、女性たちの井戸端《いどばた》会議が催《もよお》され、世の男たちの品評《ひんぴょう》会が始まるのは自然の成りゆきだった。女性たちの目は厳しく、男たちは丸裸にされ、鋭い舌鋒《ぜっぽう》で解剖《かいぼう》され、けなされ、男の品定《しなさだ》めが行われ、彼女たちの間で男はますます磨かれていった。（中略）

昔なら、『あんた、川筋の男やねえ』と女性から言われたら、男にとって最高の褒《ほ》め言葉であり、求愛の言葉でもあった」（『筑豊原色図鑑』松本廣責任編集／筑豊千人会より）

中村医師は北九州の若松という町で幼少期を過ごした。祖父は玉井金五郎《きんごろう》といい、沖仲仕《おきなかし》（石炭の荷運びをする港湾労働者）を取り仕切る「玉井組」の親分だった。その長男は玉井組の二代目親分になった玉井勝則《かつのり》、ペンネームを火野《ひの》葦平《あしへい》という。『糞尿譚《ふんにょうたん》』という小説で芥川賞を受けた文豪である。この葦平の妹の秀子《ひでこ》が中村医師の母。つまり葦平は中村医師の伯父《おじ》にあたる。火野の代表作『花と龍』は何度も映画化されるほど人気が高い作品で、火野の両親である玉井金五郎とマンの半生を描いた大河小説だ。北九州の若松という石炭の積み出し港を舞台とした、義理人情を重んじる登場人物たちの群像劇に多くの人々が共感した。娯楽作品としても面白く、活劇のような胸躍《おど》る展開で、葦平が生まれ育った若松の地域性が活写《かっしゃ》されている。

現在の若松は再開発が進む北九州市北部の一都市に過ぎなくなったが、葦平が生きた時代とはかなり違う。

「川筋」という言葉には血の気の荒い連中が屯《たむ》ろする地域というイメージがあるのだろうが、このようなユニークな家系こそが、仁義を重んじ情も深く、医者となってのちも困っている患者や貧者のために労を惜《お》しまなかった中村医師の精神形成に大きく寄与したのだろう。

パシュトゥヌワレイ

アフガニスタンの大半を占めるパシュトゥン民族の気質についても触れなければならない。パシュトゥン民族は世界でも最大の部族と言われており、アフガニスタンや隣国パキスタンへ難民として避難している人を含めて、推定二千万人いると言われている。

彼らの日常生活を律する規範が「パシュトゥヌワレイ（パシュトゥン人の掟《おきて》）」と呼ばれる不文律《ふぶんりつ》である。彼ら部族社会のなかでは、国の法律より拘束《こうそく》力があると言われ、特に田舎の村々では今なお通用する「掟」である。

近代国家が持つ「成文《せいぶん》法」ではなく、部族ごとに異なる慣習や不文律によって律される国なので、日本のような国とは大きく異なって見えるだろう。中村医師も講演などで現地を説明するさいに「日本の戦国時代か、もしくは外国人を『夷狄《いてき》』と称していた幕末時代に近いのでは」と喩《たと》えていたが、我々現代人には経験したことがない時代であるから分かりづらい。だが、「親孝行」「年長者《ねんちょうしゃ》を敬う」「臆病《おくびょう》や卑怯《ひきょう》は恥である」というような例であれば想像しやすいだろう。彼らにとっては「勇気は最大の美徳」であり、「客は神が遣《つか》わした宝物」として遇《ぐう》するなど、古風な人情を重んじる土地柄《がら》なのだ。

とにかく世話焼きで、何かと気を遣ってくれる。初対面の人からも食事に招待されたり、食事代を奢《おご》ってもらったことが多々ある。客人歓待《かんたい》の教えが徹底しているのである。路上に病人や生活困窮《こんきゅう》者がいたら、お金や食べ物を喜捨《きしゃ》（寄付）するのが当たり前の社会なのだ。

アフガニスタン人のジア医師は二〇〇一年の米軍によるアフガニスタン空爆のとき、隣国パキスタンから国境を越えてアフガニスタンへ食糧を運んだ責任者だ。冬の厳しいアフガニスタンで飢《う》えに苦しむ同胞《どうほう》を見捨てておけなかったジア医師は中村医師に自ら志願して食糧を搭載したコンボイに乗り、同じ志願のアフガン人たちと連日食糧を運び続けた。途中で米軍のヘリに威嚇《いかく》射撃を受けたりもした。

ちなみにこのとき彼らはコンボイを三チームに分けた。もし米軍に襲撃されても、残ったチームが最後まで食糧を届けるようにするためだった。

「怖くなかったんですか？」

単純ではあるが、本音を聞きたくてジア医師に尋ねると、

「君と同じようにいろんな人から質問されたよ。そりゃ、怖かったさ。できることならやりたくないという気持ちもあったよ。でも家に帰って妻に事情を話すと、『あなた、今こそ祖国で困っている人たちのために働きなさい！』って叱《しか》られてね。そりゃ、行くしかないよね」と言って、お茶目なウィン

クをした。もちろんジア医師流のユーモアだが、興味深いエピソードである。

果たして私が同じ立場だったらと考える。告白するのも恥ずかしいが、私は大変な臆病者だ。他人のために命を賭《か》けることができるかと問われたら、正直なところ心もとない。

アフガニスタンと北九州

昔はよく近所に怖いおじさんがいた。ところがこのおじさんはおばちゃん連中に人気があった。子供たちはおっかなくて、おじさんが道を歩いていたら挨拶してすぐに走って逃げた。「声が小さい」「身だしなみをきちんとしろ」「人と会ったら挨拶をしなさい」……。今の日本ではこんなおじさんは絶滅危《き》惧《ぐ》種であろう。

筑豊の女性も同じである。

「川筋気質は『川筋女《おんな》』にこそふさわしい。炭鉱の女性は本当に強かった。彼女たちが強いのは、真っ暗な坑内《こうない》で男たちと同じように働いたということもあるが、自分の裁量《さいりょう》でお金を動かせたからだと思われる。家内《かない》業の農家や商家《しょうか》の女性たちと違って、炭鉱の女性たちは会社から直接給金を貰《もら》っていた」（前掲『筑豊原色図鑑』より）

手前《てまえ》味噌《みそ》で申し訳ないが、私の母も川筋の女性だ。

子供のころ、両親がうどん屋を経営していた。ある日の昼過ぎ、私は店のカウンターで昼ご飯を食べていた。ふと外を見ると、店のなかを覗《のぞ》いている人がいる。物《もの》乞《ご》いのおじさんだった。身なりはボロボロ、衣服は垢《あか》で黒光りしていた。私に見つかって少し困ったような顔をして笑っていた。笑うと歯が欠けているのが分かり、ますますみすぼらしく見えた。

私は厨房《ちゅうぼう》にいる母に「変なおじさんがいるよ」と伝えた。父は出前の器を回収しに出かけていた。母はすぐに店の外に出た。そして事情を察すると、店に戻ってかしわ飯をラップでくるみ、そのおじさんに渡した。二人は終始、無言だった。

「どんな事情があるか知らんけど、大変なんやね……」

おじさんを見送りながら、母が呟《つぶや》いたのを憶《おぼ》えている。足を引きずりながら、おじさんは去って行った。母は何も説明しなかったが、いつも人生の大事なことをそうやって行動で教えてくれた。

「困った人がいたら、何かしてあげなければ」

まだ幼かった私の心のなかで、そんな思いが蓄積された。

アフガニスタンはイスラム教徒が多数派で、なかでも保守的な考えを持つ人が多い。そのことに関して私は何も言えない。私が言えるのは、アフガニスタンでは意外と女性の方が発言力を持っていて、男たちは外で「威張《いば》らせてもらっている」ように見えたということである。先に書いた川筋の男と女の関係に、どこか似ていないだろうか？

マルワリード用水路の水が、クナール河という大河から引いたものであることは述べた。

このクナール河の水源は西ヒマラヤの山々に冠《かん》する雪である。

ヒンズークシュ山脈の最高峰、ティリチミール山（七七〇八ｍ）と中村医師の縁は、一九七八年、福岡登高《とこう》会の登山隊付きの医師として同行したときに遡《さかのぼ》る。中村医師がこの地で医療活動を始める切っ掛けになった場所でもある。

私のような凡人《ぼんじん》が中村医師の生涯を評するのは僭越《せんえつ》だが、山脈の雪解《ど》け水と共に生きる無医地区の村々に診療所を建て、井戸を掘り、ついには〝死の沙漠《さばく》〟と呼ばれたガンベリの地に山脈の雪解け水から用水路を引き、広大な緑の沃野《よくや》を復活させた。文字通り、そんな大河の流れのように壮大な生涯だった。

アフガニスタンを離れる

私がペシャワール会の現地派遣ワーカーとして働いたのは、二〇〇五年から二〇一一年までの六年ほどだ。この間、治安上の問題で、日本で待機していた時期もある。

二〇〇八年の伊藤和也《かずや》さんの事件以降、日本人ワーカーを日本へ返した中村医師は、ただ独りアフガニスタンに残って生活する期間がしばらく続いた。日本人ワーカーの仕事も、すべて中村医師がしなければならないことになった。当然、今までのように水路の設計図や報告書を作成する時間がさらに削《けず》られる。睡眠時間はさらに減っただろう。

中村医師は、この期間をどんな気持ちで過ごされたのだろう。

当時、金庫の鍵などは日本人が管理していた。現地では「金」「土地」「女」は揉《も》め事《ごと》の三大要因だと言われている。特に金に関しては、普段大人しいアフガニスタン人でも興奮して喧嘩沙汰《けんかざた》になるのを何度も見たことがある。いきおいスタッフの給料を扱う会計のスタッフが巻き込まれる。

とにかくお金を持っていると、彼らは気もそぞろで仕事に集中できなくなる。日本人がお金を扱うことで、彼らはかえって安心するようだった。

会計のアフガン人スタッフはあらぬ勘違《かんちが》いや諍《いさか》いに巻き込まれるのを嫌うので、お金の取り扱いには特に用心していた。この辺の感覚は、しばらく現地で暮らして言葉を覚えるまでは、なかなか分からないだろう。

しかし、先に触れたように日本人ワーカーが撤収《てっしゅう》してから、アフガニスタンにたった一人で残る中村医師がお金のことなどにも気を配らなければならなくなった。

中村医師の生活は激変した。雑多《ざった》な細かい仕事を挙げれば切りがない。忙しい中村医師がリラックスできる時間は、わずかに食事の時間と煙草《たばこ》で一服《いっぷく》している時ぐらいだったろうか。

そこで再び会計の仕事や事務的な仕事をする日本人スタッフを数名派遣することが決まった。私も再びアフガニスタンへ戻ることになった。

「誰もが行きたがらないところへ行き、誰もがやりたがらないことをする」

もともとの出典は思想家・内村鑑三《かんぞう》の講演録をまとめた『後世《こうせい》への最大遺物』だ。その中でアメリカの教育者メリー・ライオン女史の言葉として紹介している。

カマ第二堰《ぜき》の突貫《とっかん》工事をしている時、中村医師は「もし、このカマの工事が出来なくて通水できなかったら、片腕を切り落として彼らに詫《わ》びるつもりだ」と仰《おっしゃ》った。私はその静かな気迫《きはく》に圧倒された。そして気持ちを奮《ふる》い立たせた。

カマの取水口の仮通水の時は私も現場に居合《いあ》わせた。アフガニスタン人スタッフも、取水口が開いてクナール河から水がどっと流れ込むのを無言で見つめていた。通水する時は、いつも皆が歓声《かんせい》を上げて喜び合うのだが、この時は少し違った。皆が静かに水の流れを愛おしそうに見つめていた。

その時私は中村医師に「おめでとうございます！」と声を掛けようとしたが、ハッとして止《や》めた。通水の様子をじっと眺める中村医師の表情を見て、何か神聖な時間を瀆《けが》すようで躊躇《ちゅうちょ》したのだ。

中村医師にどんな想いが去来していたのか、想像するしかないが、あの表情は忘れられない。

＊

中村医師の原動力、その核となるものは何だったのかを幾度も考えた。

仁義を重んじる価値観、人のために尽くす誠実さ、見返りを求めない謙虚《けんきょ》さ、見捨てられた人々に寄り添う姿勢、世の不条理《ふじょうり》に対する義憤、飄々《ひょうひょう》とした語り口、教養の深さ、深い洞察《どうさつ》力、不屈《ふくつ》の粘り強さ、果断速攻《かだんそっこう》の采配《さいはい》。

あまりにも多様な面がありすぎて、雲を摑《つか》むようで捉《とら》えようがない。

「中村先生をそこまで駆り立てるものは何でしょうか？」

講演会でも同じような質問を受けたようだ。中村医師はしばらく考えて、こう答えた。

「犬も歩けば棒に当たる、ですよ」

多くの人は肩すかしを食らったような反応である。

伝えたいのは、もともと自分に高尚《こうしょう》な動機があったわけではなく、生きていれば誰にでもそういう出会いや縁があるということ。そしてその場その場で最善を尽くしてきただけだということだったようだ。中村医師は続けて、人はいろんな失敗や挫折を経て自分に合う生き方を自然と見つけてゆくものだから、あまり気にしないで生きていった方が楽しいですよ、という主旨の言葉も付け加えられた。

中村医師が記した以下のような文章がある。

百聞《ひゃくぶん》は一見《いっけん》に如《し》かず（人の話を沢山聞くより、自分で見たほうがよく分かる）
百見《ひゃっけん》は一考《いっこう》に如かず（いろんなものを見ても、自分の考えがなければ意味がない）
百考《ひゃっこう》は一行《いっこう》に如かず（いろいろ考えても、行動を起こさなければ意味がない）
百行《ひゃっこう》は一果《いっか》に如かず（いろんな行動を起こしても、結果を出さなければ意味がない）

以上は中国の有名な諺《ことわざ》らしいが、中村医師はさらにこう付け加えた。

百果《ひゃっか》は楽しむに如かず（結果より、まず楽しむことが大事だ）

用水路の建設現場でユンボに乗って作業している中村医師は、実に楽しそうだった。現場で一緒に煙草《たばこ》を吸っていると、「日本で吸っても旨《うま》くない。やはりここで吸う煙草が一番旨い」と仰っていた。失礼な比《ひ》喩《ゆ》かもしれないが、強《し》いて喩《たと》えるなら砂場で掘ったトンネルに水を通して喜ぶ子供のようだった。黒部ダムのような国家的規模のプロジェクトの指揮を執《と》った中村医師だが、側《そば》で見た顔はまさに少年のように無邪気で、心底《しんそこ》から仕事を楽しんでおられた。

中村先生。

私は本当の「川筋者《かわすじもん》」に出会えました。

最後に

私は日本人ワーカーとして、結局二〇一一年三月までアフガニスタンで働いた。最後の数年は治安がかなり悪化しており、外国人の誘拐《ゆうかい》や殺害など物騒《ぶっそう》なニュースが増えていた。いつまで現地で働けるか分からない状況であり、中村哲《てつ》医師からは、何かあればすぐに帰国できるようにしておけと言われていた。

しかし、私は日本に帰りたくなかった。中村医師の側《そば》で働きたかった。

私は中村医師の部屋へ伺い、直談判《じかだんぱん》した。何とか現地に残れませんか——。

だが中村医師は首を縦には振らなかった。

「君の気持ちは有り難いが、わしの目の届かないところまでは面倒を見切れない。治安がますます悪くなり、外国人は命の危険が増している。また犠牲者を出したら事業を継続できなくなる。敢《あ》えて言うが、君は足《あし》手《で》まといだ。君はまだ若い。日本でまだ働くこともできる年齢だ。今まで働いてくれたことに感謝する」

＊

現地に赴《おもむ》いた私の動機は不純なものだった。しかし、中村医師やペシャワール会はこんな私を現地に置いてくださった。感謝に堪《た》えない。

アフガニスタンやパキスタンでの生活は、私自身の性《しょう》にも合っていたようだ。ワーカーとして働いていたころは、果たしてお役に立てていたのか、想像するだけで背中に冷たい汗が流れるが、今さら考えても詮無《せんな》きことだ。

思えば不思議な運命の巡り合わせである。自分の人生は自分の思い描いた通りにはならない。何度も失敗や挫折を繰り返した。だが、根が楽天家だからなのか、ご飯を食べて寝るといつの間にか元気になっていた。くよくよせずに成《な》るようになれと念じて生きてこられた。きっと物事を深く考える性格だったら、自分の至らなさに恥ずかしくて悶死《もんし》してしまっていただろう。

人と同じことをするのが苦手だった性格が災いして、一人で行動するのが好きになった。こんな自分が、日本社会で上手に人間関係を保つのは難しいだろう、と勝手に思い込んでいた。

アフガニスタンで、自分と同じような変わり者の日本人ワーカーらと共に働くことができたのは幸いだった。日本社会に馴染《なじ》めず、ドロップアウトしたような一癖《ひとくせ》も二《ふた》癖もある猛者《もさ》揃いだった。

アフガニスタン人も人なつこくて情《じょう》の厚い奴らが多く、心から信頼できる男たちにも出会えた。いつしか、日本にいるよりアフガニスタンで暮らしている方が合っていると思うようになっていた。

しかし所詮《しょせん》、私は日本人である。いつかは帰らなければならない日がくる。

私は中村医師の没後、現場を見てきた者としての使命感も手伝ってこの本を書こうと思い立った。他の日本人ワーカーや中村医師に関わった人たちにも、それぞれの中村哲像やアフガニスタンがあるはずだ。それは各々がこれから後世に伝えてゆくだろう。

私も私にしか出来ないことをするだけだ。それは中村医師やアフガニスタンのことを後世の人たちに文章やイラストで伝えること。

これから、世界中で温暖化による天変地異《てんぺんちい》や食糧難が激しさを増していくであろうと予測される。そんな時代に、中村医師は一つの処方箋《しょほうせん》を遺《のこ》された。

それがアーベ・マルワリード用水路だ。

中村医師は生前、インタビューの中で「後継者はいるのですか？」と質問され、「用水路そのものが後継者である」と答えたという。

用水路は一度完成させたらそれで終わりということはない。壊れたら補修を繰り返す。何百年も改良を加えて理想の形になってゆく。用水路が必要とされる限り、何百年も生き続ける。

中村医師は、残された者たちが意志を引き継いでいくことを信じて、水や食糧を得る方法や知恵の詰まったこの用水路を遺《のこ》されたのだろう。

［著者］

杉山大二朗（すぎやま・だいじろう）

1975年（昭和50）12月4日、福岡県飯塚市生まれ。東海大学文学部史学科卒。様々な職を経て、中村哲医師をサポートするNGO「ペシャワール会」の現地派遣ワーカーとして2005年～08年、10年～11年まで活動。現在は日本で教職の傍ら作品を執筆。

仁義ある戦い

アファガン用水路建設 まかないボランティア日記

2023年2月28日　初版第１刷発行

2023年5月15日　初版第２刷発行

著　者　杉山大二朗

発行者　藤 村 興 晴

発行所　忘《ぼう》 羊《よう》 社《しゃ》

〒810-0022　福岡市中央区薬院4-8-28-205

電話 092-406-2036　FAX 092-406-2093

URL http://bouyousha.com

印刷・製本　シナノ・パブリッシングプレス

落丁本・乱丁本はお取替えいたします。定価はカバーに表示しています